TRANSFORMATION DES INONDATIONS EN DE FÉCONDES IRRIGATIONS,

OU

L'AGRICULTURE RENDUE FLORISSANTE PAR L'EMPLOI DES EAUX PLUVIALES.

Typ. et Stér. HUMBERT, à Mirecourt.

TRANSFORMATION
DES
INONDATIONS
EN DE FÉCONDES IRRIGATIONS,
OU
L'AGRICULTURE RENDUE FLORISSANTE
PAR L'EMPLOI DES EAUX PLUVIALES,

Au moyen d'un système perfectionné de Labourage horizontal, d'un système de Plantations irriguées et de Bassins irrigateurs;

PAR F. D'OLINCOURT,

Ancien inspecteur des travaux communaux de la Meuse et architecte du Gouvernement; décoré de la grande médaille d'or du Mérite civil de Suède et de Norwège; membre de l'académie royale des beaux arts de Naples, de l'académie des sciences d'Anvers, de l'académie pontificale de Bologne, des académies de Metz, de Nancy, etc., et de plusieurs sociétés agricoles de Paris, de la Meuse, des Vosges, de la Marne, etc.

PREMIÈRE ÉDITION,
POUR LA FRANCE.

HUMBERT, ÉDITEUR.

PARIS,
Rue Bonaparte, 43, et rue Sainte-Marguerite, 30.

MIRECOURT,
IMPRIMERIE, STÉRÉOTYPIE, LIBRAIRIE.

1861.

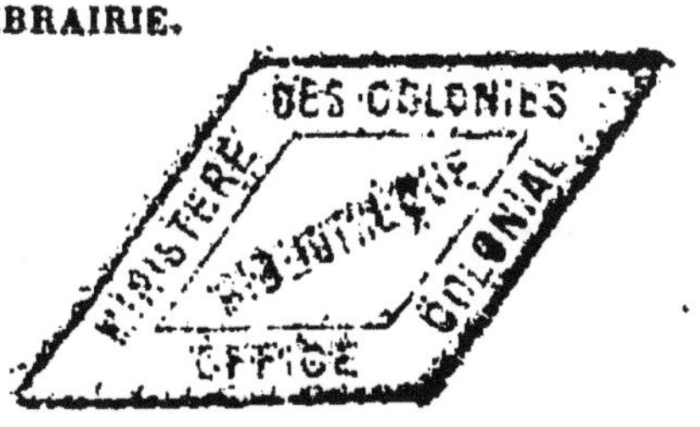

AVERTISSEMENTS IMPORTANTS

AU SUJET DE CETTE 1re ÉDITION.

Ce livre est divisé en trois parties : l'*Examen* de ce qui a été produit jusqu'à nos jours pour combattre le fléau des inondations, — l'*Exposé* de notre système complet de travaux préventifs, — et une *Instruction pratique* pour faciliter l'application de notre système général d'irrigation, de culture et de plantation.

Comme il s'agit d'une idée neuve, nous demandons à nos bienveillants lecteurs de nous permettre de leur expliquer comment nous avons agi pour chercher à leur imprimer notre conviction, qui est établie sur trente-cinq années d'études, d'examens, d'expériences et de travaux sur le terrain et au cabinet.

Nous avons d'abord exprimé les idées générales qui doivent un jour être acceptées, nous avons ensuite *examiné* tout ce qui a été produit jusqu'à nous, et nous en avons démontré l'inanité; nous avons reproduit textuellement nos *Brevets d'invention*, pris en France, et nous avons terminé notre travail par une *Instruction pratique*, qui détaille chacune des parties de notre système d'irrigation, de culture et de plantation, de manière à en rendre la compréhension facile.

Nos lecteurs remarqueront que, comme il s'agit de principes nouveaux, basés cependant sur les faits de la Science, mais qu'il faut faire accueillir par les esprits, nous avons eu le soin de revenir sur les idées déjà émises par nous, quand nous l'avons jugé opportun, et souvent en employant les mêmes pensées, les mêmes expressions, espérant, par ces redites ou ces répétitions calculées, faire plus promptement retenir et accueillir notre système, car le premier point, le plus important, est de démontrer le mérite de ce système de culture, afin qu'il soit accueilli et essayé, en tout ou en partie, sur tous les points, pour en généraliser l'emploi dès qu'on aura reconnu ses immenses avantages et le revenu plus élevé qu'il doit produire.

Comme les idées nouvelles s'accueillent difficilement, parce qu'elles sont en opposition avec les habitudes contractées, avec les pensées reçues comme vraies, nous demanderons à nos lecteurs de lire plusieurs fois notre livre.

A la première lecture, si on daigne la faire avec la bienveillance qui conduit à la sage méditation, quand même on conserverait sa préférence pour ses anciennes idées, je suis convaincu que le cultivateur sérieux dira : *ce travail est en opposition avec mes pensées, mais j'y ai rencontré de bonnes réflexions, des choses qui m'intéressent : je lirai de nouveau ce livre.*

A la deuxième lecture, on s'identifiera davantage à mes vues, et l'on trouvera : *que mon système a de bonnes parties, dont on pourrait tenter l'application, en procédant avec prudence (et sans s'exposer à faire de fortes dépenses) surtout pour arriver à utiliser les eaux pluviales, afin d'augmenter son revenu, en faisant rapporter davantage à ses diverses cultures.*

La troisième fois qu'on prendra mon livre, ce sera

pour y trouver le moyen de *réaliser un fragment de mon système.*

Le reste, pour nous, n'est pas douteux : *un essai, en amènera un autre ; — un principe accueilli fera recevoir tous les autres ; — et par les premiers succès obtenus, qui fourniront la démonstration que notre système conduit à accroître le rapport de la propriété,* nous avons la certitude que, tôt ou tard, ce nouveau système sera complètement adopté.

Comme nous voulons nous dévouer au succès de notre œuvre, nous engageons les bienveillants souscripteurs à notre livre, à nous rendre compte, par *lettres affranchies,* des travaux qu'ils auraient pu faire pour l'application de notre système, soit en tout, soit en partie, et il nous sera fort agréable d'entrer en relation avec eux, de répondre à leurs objections, de leur exprimer notre pensée au sujet de leurs observations, ou de les remercier sincèrement de leurs travaux ou de leurs succès ; dans l'intérêt de la réforme que je propose, il faut le concours empressé et bienveillant de tous les cultivateurs pratiques et des agronomes distingués, qui servent d'exemples dans leurs localités ; je viens le solliciter, et le mien ne leur fera pas défaut.

Je ne demanderai, en ce qui me concerne, que deux réserves positives aux personnes qui daigneront m'écrire : 1° de vouloir bien joindre, à leur lettre, *affranchie, un timbre de poste*, afin que ma réponse leur parvienne également affranchie : on conçoit, qu'à cause de l'immense travail de mes réponses, il est convenable qu'on me dispense de la dépense du port de toutes ces lettres; 2° de ne pas exiger que ma réponse *arrive immédiatement*, attendu que mon travail des réponses devra nécessairement être subordonné à l'ordre de l'arrivée des lettres qui me seront adressées, et, si leur nombre était grand, l'obligation que je contracte de répondre à toutes, *à tour de rôle*, pourrait m'obliger souvent à retarder mes réponses en raison de l'étendue de ma correspondance ; ainsi, plus il se trouvera de personnes bienveillantes qui s'adresseront a moi, plus mes réponses seront nécessairement tardives.

Les lettres qu'on daignera m'écrire, devront être adressées, *franco*, à M. d'Olincourt, chez M. HUMBERT, Imprimeur-Editeur, rue Bonaparte, n° 43, à Paris.

Comme on le verra par la lecture de ce livre, je me chargerai personnellement des études, de la rédaction des projets et de la réalisation des divers travaux qu'on voudrait me confier. Je répondrai à toutes les demandes qui me seront adressées, *franco*, à ce sujet, par MM. les propriétaires et les cultivateurs, par les municipalités et les administrations.

Je traiterai, à des conditions fort avantageuses, de l'exploitation ou de la cession de mon invention pour la France ou pour les Etats étrangers, et je concèderai mes droits, quand la demande m'en sera faite, pour l'exploitation, en France, d'une localité déterminée, soit pour un département, soit pour une réunion de communes.

PRIX DE CETTE 1re ÉDITION

ET AVANTAGES ACCORDÉS PAR L'INVENTEUR POUR FACILITER L'EMPLOI DE SON SYSTÈME.

Le prix de cette Edition, destinée à la France, est fixé à 5 francs, pour le volume broché, et chaque souscripteur, *inscrit chez l'Editeur*, et propriétaire d'un exemplaire *numéroté* et *signé* par lui et par l'Inventeur, aura *le droit d'employer*, en tout ou en partie, *le système d'irrigation, de culture et de plantation de M. d'Olincourt*, dans l'étendue D'UN HECTARE DE TERRAIN à lui appartenant, soit comme propriétaire, soit comme locataire.

Ce *droit* d'employer le système sur un *hectare de terrain* n'existera qu'à partir du jour ou le souscripteur sera possesseur du volume adressé par l'Editeur, après l'inscription sur son registre. Les demandes devront être adressées *franco* à M. HUMBERT, Editeur à Paris, rue Bonaparte, n° 43.

Pour les propriétés que le souscripteur posséderait en plus, s'il voulait y appliquer le système de M. d'Olincourt (afin d'éviter les poursuites et indemnités pour contrefaçon au préjudice de l'Inventeur) il lui suffira, après sa première souscription de 5 francs, d'adresser *un franc par hectare.* Ces sommes devront être envoyées *franco* à M. HUMBERT, Editeur à Paris, rue Bonaparte, n° 43.

Il sera traité de gré à gré pour les propriétés étendues.

AVIS

A MM. LES LIBRAIRES ET CORRESPONDANTS.

Les personnes qui ont des relations suivies avec MM. les propriétaires et les cultivateurs d'une localité, et qui pourraient s'occuper du placement de ce volume, multiplier le nombre de ses souscripteurs et propager l'emploi du nouveau système de culture, pourront s'adresser *franco* à M. Humbert, Editeur, rue Bonaparte, nº 43, à Paris, qui leur fera connaître les remises et avantages qui leur seront accordés en échange de leur bonne intervention.

Dates et Numéros d'inscription des Brevets d'invention pris en France et délivrés à M. F. d'Olincourt, *tels qu'ils sont inscrits au Ministère de l'Agriculture, du Commerce et des Travaux publics.*

Le 1er Brevet d'invention, porte le nº 33,906 du procès-verbal ; il a été pris le 31 mai 1858.

Le 2e Brevet d'invention, a été déposé sous le nº 45,326 ; il est du 1er mai 1861.

TITRE

Constatant le n° attribué à cet Exemplaire

DE LA

PREMIÈRE ÉDITION,

destinée à la France.

Tout exemplaire non revêtu des signatures ci-dessous sera réputé contrefait.

Exemplaire N° 

L'Inventeur, L'Editeur,

TRANSFORMATION
DES INONDATIONS
EN DE FÉCONDES IRRIGATIONS,
OU
L'AGRICULTURE RENDUE FLORISSANTE
PAR L'EMPLOI DES EAUX PLUVIALES.

PREMIÈRE PARTIE.

EXAMEN

Des divers systèmes présentés jusqu'à ce jour pour combattre le fléau des inondations, et démonstration de la nécessité d'abandonner le *système des travaux défensifs*, et de lui substituer le *système des travaux préventifs*.

I.

Au premier abord, il peut paraître ambitieux d'annoncer un système devant produire *la transformation des inondations en de fécondes irrigations*, et, cependant, il ne s'agit ici que d'une idée en rapport parfait avec ce qui a été publié, à partir de mai 1856, par M. Nérée Boubée, quand il disait si judicieusement : « qu'on » devrait songer, et songer très-sérieusement, à » organiser un vaste système d'irrigation et de » fertilisation naturelle des terres » ; cette idée va être réalisée pratiquement, grâce à notre système général d'irrigation, de culture et de plantation, sans augmenter les dépenses du cultivateur, et en rendant l'établissement des grands travaux d'art au compte de l'Etat absolument inutiles ; aussi pouvons-nous dire que nous avons dépassé les espérances de M. Nérée Boubée, quand il s'exprimait ainsi, dans son numéro de juillet 1856 de la *Réforme agricole :* « Si nous employions à rendre les inondations » aussi bienfaisantes qu'elles sont susceptibles » de l'être, et aussi peu désastreuses qu'elles » peuvent le devenir, les mêmes sommes, les » mêmes efforts qu'on dépenserait vainement, » et en pure perte, pour les empêcher, ce serait » un bienfait immense pour le pays, et une » des mesures les plus propres à assurer l'ac- » croissement de la production nationale. »

Cette idée est parfaitement juste, et par la suite que nous donnerons à ce travail, on finira par reconnaître que c'est seulement *par les progrès en agriculture, par une agriculture perfectionnée, et étendue à tous les points, qu'on peut mettre un terme aux désastres qu'on reproche aux inondations.*

En annonçant, en quelque sorte, la suppression d'un fléau, nous nous hâtons d'ajouter que, comme l'homme ne produit rien d'absolu ou de parfait sur la terre, ce que nous annonçons est réellement la suppression du fléau, mais dans les bornes de ce qui est possible. L'homme est parvenu à se garantir de la foudre, ou du feu du ciel, pourquoi l'homme ne parviendrait-il pas à se garantir des désastres occasionnés par les eaux? Si ce résultat n'a pas été obtenu plus tôt, nous devons le déclarer, c'est qu'en s'occupant de remédier aux maux causés par les inondations, on n'a pas tenu compte de leurs bienfaits, et l'on s'est occupé *des effets* sans remonter à l'étude *des causes*.

Les ingénieurs, les savants, ont voulu opposer des digues à la fureur des flots, et j'admire leurs travaux, quand ils sont destinés à encaisser les vastes réservoirs des mers, des lacs, ou des étangs; mais, en est-il de même quand on applique les digues à encaisser les fleuves, à contenir des torrents furieux, à resserrer le cours de nos rivières? Assurément, non; car ici les travaux tentés n'ont pas pour but de recueillir les eaux, de les conserver: ces travaux contre nature donnent une plus grande force aux courants, en sorte qu'on arrive à se débarrasser des eaux, à se priver de l'élément le plus utile en agriculture, et de la force motrice la moins coûteuse en industrie. Au lieu de chercher à contenir les torrents, au lieu de leur opposer des barrières coûteuses, et tôt ou tard insuffisantes, on devait, à notre avis, remonter à l'étude des causes du fléau qu'on voulait combattre, et l'on serait arrivé, comme nous, à penser qu'on devait chercher, au lieu de contenir les torrents, à empêcher *leur formation*.

II.

L'eau, en agriculture, est un bienfait, dès lors le premier principe à accueillir est celui-ci: au lieu de chercher à hâter l'écoulement des eaux, il faut partout en ralentir la marche il faut les employer partout en fécondes irrigations, et quand je dis *partout*, je veux dire que l'irrigation doit être reçue en principe sur les plateaux comme dans les vallées.

L'excessive aridité des plateaux, des terrains élevés, conduit à des pertes continuelles en agriculture, qui, si elles étaient bien supputés, dépasseraient peut-être celles occasionnées par le fléau des inondations; et c'est une remarque qui domine toute la question qui nous occupe; il y aurait donc un incontestable bienfait à conserver sur les plateaux, sur les terrains élevés, l'eau qui y est produite, à l'empêcher de descendre avec impétuosité dans les vallées étroites, où elles occasionnent souvent tant de désastres, surtout par la perte des récoltes sur pied.

L'immense superficie des plateaux et des plaines élevées souffre aujourd'hui du système de culture en usage, car tout y est aride par un asséchement trop prompt, quand les vallées, toujours étroites, et présentant comparativement bien moins de contenance superficielle, ont seules une grande fertilité. Cette réflexion doit conduire à penser qu'il y aurait utilité à conserver les eaux pluviales sur les plateaux, aussi longtemps que cela serait possible ou profitable aux objets cultivés, pour les faire descendre ensuite graduellement dans les vallées, après avoir porté, à chaque pas, par un système d'irrigation bien raisonné, la vie et la fertilité sur les terrains supérieurs, puis intermédiaires, avant de les rendre aux vallées, qui souffrent parfois d'une trop grande abondance d'eau.

L'idée nouvelle que je viens d'émettre, une fois accueillie, conduirait à un autre résultat bien précieux : c'est que les amendements naturels ou alluvionnaires, les principes fertilisants, les limons fécondants des terrains supérieurs, ne descendraient plus vers les vallées que dans des proportions utiles pour leur conserver toute leur fécondité ; c'est que les principes fertilisants ne seraient plus entraînés par les orages et par les pluies diluviennes, pour aller porter la dévastation dans les vallées, en y couvrant et détruisant les récoltes sur pied, et où ces limons, déposés au hasard, couvrent parfois des terrains de la plus grand valeur, pour leur substituer un sol nouveau, qui ne développe ses principes fécondants qu'après avoir été d'abord une cause incontestable de dévastation et de ruine. Assurément, ce ne sont pas là les vues de l'intelligence supérieure, et tout atteste ici l'imprévoyance des hommes; les faits démontrent qu'il y a quelque chose à faire pour empêcher les dévastations occasionnées par les eaux et pour tirer parti de ces mêmes eaux; en irriguant les terrains élevés, où elles sont providentiellemment portées par les orages.

Le système par lequel je propose de combattre les inondations consiste à retenir, à conserver les eaux où elles sont produites, à retarder et régler leur écoulement sur les plateaux, puis dans les gorges, et enfin dans les vallées, afin qu'il n'y ait pas un pouce de terrain qui ne profite de la chute des eaux pluviales. Par ce moyen, les pluies diluviennes cesseraient d'être dévastatrices, et les retenues pratiquées dans toute l'étendue du terrain que les eaux parcourent, empêcheraient les plateaux de se dépouiller aussi promptement de leurs principes fertilisants; il en résulterait que les plateaux auraient aussi de riches récoltes assurées, et que les vallées, en conservant leur fécondité traditionnelle, ne seraient plus exposées à des dévastations qui répandent partout la terreur et la désolation.

III.

Parmi les nombreux bassins naturels qui existent en France, ceux du Rhône, de la Loire et de la Seine sont plus sujets aux désastres produits par l'envahissement des eaux. La science a cherché les moyens d'empêcher ces grandes dévastations, et, jusqu'à nos jours, elle n'a opposé aux torrents que des barrières impuissantes, appelées *digues insubmersibles.* Les efforts des plus savants ingénieurs n'ont produit, en définitive, comme l'a écrit le Chef de l'Etat : « que des travaux partiels, qui, » au dire de tous les hommes de science, n'ont » servi, à cause de leur défaut d'ensemble, » *qu'à rendre les effets du dernier fléau plus* » *désastreux.* »

Les savants en agronomie, de leur côté,

n'ont vu à opposer au désastre que le reboisement des montagnes, afin d'absorber ou de retenir les eaux ; mais l'histoire, la sévère histoire, prouve que, dans les siècles où la France possédait de vastes forêts (qu'on regrette à juste titre), les désastres occasionnés par les inondations étaient aussi étendus qu'aujourd'hui ; elle prouve en outre que la hauteur d'eau des inondations est moins forte à notre époque qu'au moment où la France était couverte d'épaisses forêts ; c'est ce que nous allons démontrer par des faits incontestables, car il est temps qu'on ne s'écarte plus de la vérité et qu'on sache ce qu'il est utile de faire pour donner à la terre la plus grande fertilité possible.

La loi du travail, que Dieu a introduite dans le monde, oblige l'homme à multiplier, à étendre ses travaux, loin de les circonscrire à des superficies exiguës ; cette loi du travail se lie intimement au progrès humanitaire et indique, à n'en pouvoir douter, qu'il n'est pas un point du globe qui ne doive être mis un jour en plein rapport ; et ce que j'avance ici concorde si bien avec mon système général de culture, qu'après l'avoir complètement expliqué, il ne restera aucun doute sur son efficacité, sur ses heureux résultats.

Ce serait une erreur de croire que nous avons l'intention de nous prononcer contre le reboisement utile d'une masse de plateaux, de montagnes, de terrains disposés par la nature pour recevoir des bois et des forêts ; ce que nous voulons, c'est qu'on reste dans le vrai, c'est qu'on cesse de croire que le déboisement de nos montagnes est la cause des désastres des inondations modernes.

Un ancien chroniqueur, Grégoire de Tours, cite, en 580, un débordement simultané du Rhône et de la Loire, à la suite d'une pluie qui ne cessa de tomber pendant douze jours. Une partie des murs de la ville de Lyon fut renversée par ce déluge.

Cinq années plus tard, en 585, puis en 587, en 588, en 590 et en 592, de nouvelles inondations extraordinaires eurent lieu, les eaux s'élevèrent considérablement « et couvrirent des endroits où elles n'étaient jamais arrivées. ».

Il résulte des faits qui précèdent qu'en douze années, six inondations extraordinaires eurent lieu en France ; elles furent donc très-répétées au moyen-âge.

Eginhard cite une inondation, en 820, qui empêcha les semailles.

Les annales de Saint-Bertin citent une grande inondation de l'Yonne en 846, dont la cité d'Auxerre eut à souffrir.

La chronique de Frodoard parle d'une terrible inondation de la Loire du 23 juillet 966. La Loire déborda encore en 1003 et 1037, ce qui causa des dommages considérables.

Raoul Glaber nous apprend que de 1030 à 1032, « toute la terre fut tellement inondée par » des pluies continuelles, que durant *trois an-* » *nées* on ne trouva pas un sillon bon à ensemencer. »

Une chronique anonyme raconte que, vers 1108, les mêmes malheurs se renouvelèrent avec une égale durée.

Orderic Vital raconte, qu'en 1120, l'inondation des rivières, causée par des pluies excessives, envahit partout les habitations des hommes.

Le chroniqueur Guillaume de Nangis cite des inondations extraordinaires en novembre

1175 et en mars 1196. Le débordement des fleuves, dit la chronique, « détruisit des villes avec leurs habitants. » Ce dernier désastre est attesté par Rigord et par Guillaume-le-Breton. Les ponts sur la Seine furent rompus; il est avéré que cette inondation causa d'immenses ravages dans Paris, à ce point que le roi Philippe-Auguste dut quitter son Palais de la Cité pour se réfugier à l'abbaye de Sainte-Geneviève. Cette inondation « présenta un ca-« ractère de dévastation inaccoutumé qui jeta « l'épouvante et l'effroi dans la société. »

En décembre 1206 et en avril 1219, Guillaume-le-Breton cite de nouvelles inondations « qui firent crouler les ponts, les moulins et » les maisons. »

En 1226, une inondation causa des dommages considérables aux villes de Lyon et d'Avignon.

Au quatorzième siècle, quatre inondations du Rhône, eurent lieu en 1338, 1356, 1362 et et 1375.

Au quinzième siècle, les principales inondations eurent lieu, en 1408, 1414, 1421, 1427 ou 1428, 1433, 1471, 1476 et 1493, et Lyon, Avignon, Tarascon, Beaucaire et Arles, et dans la vallée de la Loire, Orléans et Tours, furent fortement endommagés par ces grands débordements.

Au seizième siècle, douze inondations eurent lieu, en 1501, 1544, 1548, 1557, 1561, 1567, 1570, 1571, 1573, 1578, 1580 et 1590. L'inondation de 1570 fut un déluge épouvantable, et, à Lyon, il ne resta pas une maison du riche faubourg de la Guillotière. François de Belleforest a fait une narration fidèle de ce grand désastre, et Simon Gaulart s'est exprimé ainsi à son sujet : « La samedy, second jour » de décembre de l'an 1570, sur les onze » heures avant la minuict, le peuple de la ville » de Lyon estant en son repos, et ne se doutant » de rien, le Rhosne, fleuve rapide, s'enfla et » déborda tout à coup de telle impétuosité, » qu'il couvrit en un instant le plat pays et vint » à emplir les maisons de la ville au grand » estonnement de tous. Car depuis les onze » heures de nuict du samedy jusques à trois » heures après midy du lundy ensuivant, le » Rhosnes ne cessa de s'estendre, eslargir et » croistre, faisant des ravages incroyables.

» La calamité des paysans, en la ruine de
» leurs maisons, en la perte de leurs provisions
» et bestail, fut inestimable. Quant à ce dom-
» mage qu'en receut la ville, il fut indicible.
» Lorsque l'eau commença avec un bruit mer-
» veilleux à gaigner le bas, on voyait le peuple
» courir esperduement deçà delà pour se sau-
» ver, les uns, vers la montagne, les autres
» de rue en rue, gaignant toujours le haut,
» laissant leurs boutiques, maisons et chambres
» à la discrétion de l'indiscret élément, qui
» creusoit les édifices mal asseuréz, et les faisoit
» tomber sur les personnes, ou estouffoit ceux
» et celles qui ne s'estoient pas esveillez d'heure
» pour se sauver. Davantage la Saune, rivière
» ordinairement coye, s'esmouvant lors extraor-
» dinairement, se vint joindre au Rhosne en
» un endroit nommé la place de Confort. Alors
» le Rhosne se rendit plus terrible, telle ren-
» contre en cet endroit n'ayant jamais esté
» veüe. Les ruines des bastiments redoublèrent,
» comme aussi les submersions des personnes,
» et le naufrage d'une infinité de biens. Le
» pont du Rhosne, qu'on dit avoir deux cent
» cinquante-six toises de longueur, fut telle-

» ment secoué et esbranlé, que quelques arches
» d'iceluy s'en allèrent à val l'eau. Les plus
» grandes ruines furent au bourg de la Guillo-
» tière, auquel point estre le plus proche du
» pont, ne se trouva fondement si ferme qui
» ne fust renversé par ce violent ravage; et n'y
» eût maison en ce fauxbourg spacieux qui
» en fust garantie; de manière que ce faux-
» bourg, paravant beau et bien peuplé, et
» qu'on pouvait appeler le grand magasin du
» fréquent commerce, sembloit après ce déluge
» un cadavre de ville, rompu, ruiné et dissipé.
» Les belles maisons, lieux de plaisance et
» bastiments excellents qui embellissoient la
» plaine, furent démolis et désolés, infinis
» meubles emportez par la fureur de l'eau à
» une demie-lieue loin. »

Au dix-septième siècle, les inondations de 1608, 1615, 1628, 1633, 1641, 1649, 1651, 1658, 1663, 1665, 1668, 1669, 1674, 1679 et 1694 occasionnèrent des désastres considérables, et les historiens rapportent *que les digues de la basse Loire rendirent le fléau plus dangereux*, parce que les eaux, en faisant irruption à travers les levées, causèrent les plus grands désastres sur les points en aval, et cela eut lieu en 1641, où la Loire se réunit au Loiret; en 1649 et 1651, où les vallées d'Anjou souffrirent plus particulièrement; — en 1665, 1668 et 1707, où tout le val d'Orléans fut submergé; — en 1709, 1710, 1711 et 1723, où les mêmes désastres se reproduisirent.

Au dix-huitième siècle, on cite plus particulièrement les inondations de 1706, 1707, 1709, 1710, 1711, 1723, 1733, 1740, 1745, 1755, 1756, 1758, 1764, 1778, 1788, 1790 et 1791. Saint-Simon cite l'inondation de 1707 comme très-désastreuse. L'inondation de 1733 atteignit des proportions immenses, car l'eau s'éleva de 9 à 10 pieds en moins de deux heures, le 27 mai, à Orléans, et la crue augmenta jusqu'à 20 pieds. A Tours, les habitants furent trois jours sans vivres, et la ville était menacée d'une ruine entière, « si pour la préserver on » n'avait point détourné le cours des eaux, en » faisant ouvrir la levée entre Montlouis et la » Ville-aux-Dames, ce qui submergea aussitôt » ce dernier bourg, *sans pouvoir sauver ni* » *habitants, ni bestiaux, ni effets.* »

Au dix-neuvième siècle, des inondations

eurent lieu en 1802, 1804, 1808, 1809, 1816, 1825, 1834, 1840, 1842, 1844, 1846, 1849, 1851 et 1856, et celles de 1802, 1846 et 1856 ont laissé dans tous les esprits la triste impression d'un deuil public, et cependant le déluge de l'an 580, et les cinq inondations de 585 à 592, qui dévastèrent l'Auvergne et la ville de Lyon, — la terrible inondation de la Loire en 966, — les trois années d'inondations incessantes de 1030 à 1032, qui empêchèrent d'ensemencer un sillon, — le renouvellement d'un pareil déluge en 1108, — les inondations extraordinaires de 1175, de 1196 et de 1226, — enfin le déluge épouvantable de 1570, surpassèrent en désastres tout ce qui nous a frappé de stupeur en 1846 et 1856, et il résulte assurément des faits que nous venons de rappeler que le déboisement n'a pas, sur le fléau des inondations, l'immense influence qui lui a été attribuée. C'est un fait grave dont il faut se pénétrer, afin de ne pas être conduit à errer dans le choix des moyens à employer pour combattre le fléau des inondations.

Nous venons de citer les faits historiques qui démontrent que les débordements anciens ont peut-être été plus funestes que ceux du dix-neuvième siècle, quand ils remontent cependant au temps où la France était couverte d'immenses forêts, et pour que notre démonstration soit plus complète et ne laisse aucun doute dans les esprits, nous ajouterons que, pour Paris, où l'on a noté avec plus de certitude la hauteur des eaux, il est constaté que l'inondation de 1740 s'est élevée à 45 centimètres plus haut que celle de 1802, — que l'inondation de 1658 s'est élevée plus haut encore de 9 décimètres, — et que l'inondation de 1615 a dépassé la hauteur d'eau de 1802 de 1 mètre 59 centimètres, ce qui donnait, comme l'a dit M. Dausse, 1m 50 d'eau sur la place de l'Hôtel-de-Ville, et 3m 50 à la petite entrée du palais du Corps-Législatif par la rue de Bourgogne. Ces années calamiteuses sont loin encore du déluge épouvantable de 1570, des inondations extraordinaires de 1226, de 1196 et de 1175, et surtout des trois années d'inondations incessantes de 1108 et de 1030 à 1032, enfin des terribles inondations de 966, de 585 à 592 et de 580, époque funeste où, suivant les expressions des chroniqueurs, « les eaux couvrirent des en- » droits où elles n'étaient jamais arrivées. » Ces faits historiques, et les chiffres accablants que nous venons de citer, témoignent que le reboisement des montagnes ne peut avoir l'importance qu'on a cherché à lui attribuer sur la cessation du fléau des inondations. Nous allons plus loin, et nous déclarons dès ce moment que notre travail serait incomplet, si, par les développements dans lesquels nous entrerons au sujet de notre système, nous ne parvenions à démontrer que nous avons découvert les causes qui ont contribué à diminuer la hauteur d'eau des grandes inondations à mesure que le déboisement s'est accru en France. Je puis avancer que personne, jusqu'à notre époque, n'avait réfléchi à ces causes multiples, et qu'elles forment la base de mon système, qui tend à faire disparaître les désastres des inondations pour n'en conserver que les bienfaits.

IV.

Dans tous les temps, à la suite des désastres causés par les inondations, le gouvernement, les administrations, les savants et les inondés se sont émus, et l'on s'est promis de ne pas négliger de prendre des précautions contre le fléau, et toutes ces promesses, à peu d'exceptions près, sont restées sans résultats.

Les ingénieurs, jusqu'à notre époque, n'ont généralement eu à s'occuper que de travaux à traiter dans une localité donnée, aussi ont-ils cherché à garantir le point dont ils avaient à s'occuper, en y opposant des obstacles à la fureur des flots; de là, les barrages, les digues, les grands travaux d'art, toutes ces barrières opposées aux torrents pour garantir un point donné, mais toujours au détriment d'un autre point, et surtout des points inférieurs ou en aval; c'est ainsi qu'en voulant sauver les villes, les points populeux, on a souvent sacrifié les campagnes et leurs riches récoltes. Toujours, au sujet de ces travaux affectés à une localité donnée (qu'il était prescrit de garantir à tout prix) on s'est contenté de constater les dommages, d'étudier les faits, car les ingénieurs chargés de ces explorations n'avaient pas la mission de remonter à l'étude des causes des désastres; ils n'avaient pas à étudier, à explorer les plateaux immenses situés au loin peut-être, où l'eau, qui s'était transformée en torrent dévastateur pour la vallée à garantir, n'avait été, au début, qu'une pluie fécondante pour les récoltes des champs. C'est ainsi que des ingénieurs d'un grand savoir ont souvent élevé dans les vallées, et par ordre, des travaux d'art, quand il aurait suffi de conserver la pluie fécondante sur les plateaux, aux points où elle avait été produite, pour empêcher la formation du torrent. C'est par ordre que nos ingénieurs ont fait des travaux *défensifs* excessivement coûteux, au lieu de travaux *préventifs* à la portée de tous. Au lieu de leur prescrire d'étudier les *faits*, ou de reconnaître les désastres causés par les inondations, il fallait demander à nos savants ingénieurs d'étudier les *causes* des inondations, et depuis longtemps on aurait reconnu que si la pluie, d'abord fécondante, était conservée un certain temps au point où elle est projetée, elle serait une source de fortune pour le cultivateur, et que cette retenue empêcherait la formation des torrents dans les gorges de déjection, et que les inondations de nos vallées seraient rendues ainsi extrêmement rares, et que ces inondations seraient alors plutôt bienfaisantes que désastreuses. On s'est trop habitué à ne penser qu'aux crues d'eaux et à leurs épouvantables désastres, et l'on a trop oublié qu'en France il résulte des observations faites que les pluies ne produisent jamais, en vingt-quatre heures, qu'une hauteur d'eau de dix centimètres.

Ce que nous venons de dire est l'une des bases du système nouveau dont nous chercherons à démontrer toute l'utilité; et si jusqu'à ce jour on a suivi une fausse voie pour remédier aux désastres des inondations, c'est que l'imagination de tous a été frappée par le fléau et par les ruines qui en sont la conséquence, sans réfléchir jamais que les inondations ont pour principe des gouttes de pluie, bien utiles en agriculture, en sorte que le fléau, ou le désastre, est, à son début, un bienfait de la Providence! Le monde a vu les *faits*, et personne n'est remonté à l'étude des *causes*; l'inondé s'est occupé de lui, de son domaine, de ses pertes et des moyens de se garantir individuellement; l'homme chargé de l'administration d'une localité s'est occupé des désastres de sa commune, et il a cherché par quelles barrières il pourrait la garantir d'une nouvelle invasion des eaux; enfin les ingénieurs ont étudié les points, les lieux qui leur étaient confiés, qu'on leur ordonnait de garantir, et de là, comme nous l'avons exprimé, l'instinct personnel de la conservation a conduit à établir des remparts contre l'invasion des eaux, des barrages, des digues, puis des *digues insubmersibles*....... dont le déluge de 1856 a démontré toute l'inanité.

Sur les rives des fleuves il est parfois utile, nécessaire, de préserver les terrains riverains de la crue des eaux et de l'invasion des dépôts limoneux qui détruisent les récoltes sur pied, ou d'empêcher la formation des mares ou flaques d'eaux stagnantes, qui sont bientôt corrompues et qui sont nécessairement des causes d'insalubrité et peuvent dès lors occasionner des maladies, quand l'inondation a cessé et quand les eaux disparaissent en partie de ces réservoirs accidentels pour en former des espèces de marais; dans ces circonstances, cela est incontestable, l'emploi des digues est utile; mais c'est, suivant nous, un travail exceptionnel, local, nécessaire pour garantir les point habités ou qui se trouvent au niveau des fleuves, ou même en contre-bas; mais, quand on généralise ces travaux, quand on les applique partoût comme le seul moyen de prévenir le retour des inondations, ou d'empêcher les désastres qu'elles occasionnent, nous soutenons qu'on est dans l'erreur, comme nous l'avons toujours soutenu et comme nous l'avons imprimé depuis 1836, depuis vingt-quatre années, dans les journaux que nous avons publiés, c'est-à-dire dans la *Revue de l'Est*, dans la *Revue provinciale*, et dans le *Journal progressif de l'Instruction populaire*; nous avons ainsi porté à la connaissance de tous une partie de notre système, parce que nous avions adressé vainement des Mémoires à ce sujet, lors de la plupart de nos grandes inondations, aux divers ministères des travaux publics, de l'agriculture, des finances et de l'intérieur, suivant les époques, sans que notre voix et nos écrits aient eu assez de puissance pour l'emporter sur ce qui avait été dit ou publié par les ingénieurs et les savants au sujet des systèmes que nous attaquions; enfin, en 1848, voyant que l'administration supérieure gardait un silence absolu au sujet de nos travaux, j'ai donné une date positive, une date certaine à mon système, en adressant à son sujet un mémoire à la Société d'agriculture du chef-lieu de la Meuse, sous ce titre : *Question de l'écoulement des eaux*. Ce mémoire a été accueilli avec faveur par cette société, et il a été recommandé à MM. les ministres des finances et des travaux publics par M. le Préfet du département de la Meuse. Ce mémoire démontre que personne ne nous avait précédé dans la découverte des moyens *préventifs*. Depuis, et comme une conséquence naturelle de nos publications et de nos mémoires, j'ai vu, de temps à autre, quelques-unes de nos idées se produire sans que, jusqu'à ce jour, aucun auteur ou ingénieur soit remonté jusqu'à la source du mal pour y appliquer le seul remède possible, qui consiste en travaux agricoles, que de simples ouvriers ou laboureurs, dirigés d'une manière intelligente, puissent partout exécuter, ce qui prouve une fois de plus combien il faut de temps pour faire accueillir une vérité nouvelle.

V.

Entre tous les moyens présentés pour combattre le fléau des inondations, celui qu'on a généralement cru préférable est assurément le reboisement des montagnes, et quelques partisans trop chauds de cette utile opération, ont été jusqu'à supposer que le reboisement seul mettrait un terme aux inondations périodiques dont la France souffre; mais les documents historiques démontrent que les inondations qui remontent au temps où la France était couverte d'épaisses forêts, étaient peut-être plus désastreuses que les plus fortes inondations du dix-neuvième siècle, et il est constaté que la hauteur des eaux des grandes inondations a diminué de 1615 à 1740 et de 1740 à 1802. Les observations et les recherches auxquelles nous avons pu nous livrer nous ont fait connaître les causes de ces diminutions, et nous nous expliquerons à ce sujet en temps utile, de manière à ne laisser aucun doute dans l'esprit de nos lecteurs, et nous ferons aussi connaître le résultat de nos explorations des forêts et des plantations pendant les temps d'orages, ou à la suite de pluies prolongées, explorations qui nous ont mis à même de prononcer en quels cas le reboisement peut surtout être utile pour retenir les eaux pluviales, et comment, pour les forêts et les plantations situées dans des conditions défavorables sous ce rapport, on pourrait remédier, au moyen de travaux peu coûteux, au défaut que nous venons de signaler.

VI.

M. Lambot-Miraval a publié à Toulon, en 1856, un mémoire intitulé : *Observations sur le moyen de reverdir les montagnes et de prévenir les inondations.* Cet auteur a, comme nous, la conviction que le reboisement ne peut remédier au mal d'une manière absolue, et il touche à notre pensée en recommandant le gazonnement des montagnes comme étant plus facile à réaliser et devant plus promptement produire de bons résultats.

Les bois et les forêts, dans certaines dispositions cependant, conservent aisément les eaux, cela est incontestable, et leurs herbes, leurs broussailles, etc., en retardant l'écoulement des eaux pluviales, facilitent leur absorption par le sol.

Les jeunes plantations, surtout quand elles se trouvent sur un sol très-incliné, à moins qu'elles ne forment un fourré très-épais, sont loin de présenter autant d'avantages que les anciens bois à la conservation des eaux pluviales, nous l'avons constaté comme M. Lambot-Miraval; mais nous ajoutons qu'on pourrait facilement augmenter l'utilité des jeunes plantations par des travaux simples et peu coûteux que nous indiquerons, et qui conduisent à retenir et recueillir les eaux, les feuillages et les limons fécondants; les travaux que nous indiquerons peuvent s'exécuter partout.

M. Lambot-Miraval recommande d'arrêter les ruisseaux et les torrents formés par les eaux pluviales, en les faisant absorber par le sol, au moyen de fossés munis de déversoirs, et il fait encore un emprunt à notre système en recommandant, pour conserver la terre sur les montagnes, d'*établir des barrages là où la localité s'y prête, et des fossés partout*. Il est constant que par les barrages les eaux pluviales sont arrêtées, attardées dans leur cours, ce qui tend, plus les barrages sont multipliés, à diminuer la quantité d'eau produite dans les vallées, et par conséquent à faire disparaître la plus grande cause des désastres dont on se plaint. Les barrages et les fossés occasionnant partout des retenues d'eaux, on comprend qu'il est facile de les utiliser ensuite pour les irrigations, ce qui retarde encore plus leur arrivée dans les vallées, où elles ne sont déversées qu'après le moment des crues, c'est-à-dire au moment où ces eaux ne peuvent plus être une cause de dévastation. Jusqu'ici ce que propose M. Lambot-Miraval est à peu près ce qui est produit par notre système, avec cette seule différence que nous produisons, par notre invention, l'irrigation directe, sans aucun travail préalable, ce qui est infiniment préférable. Mais si jusqu'ici il y a à peu près accord entre nous, il n'en est plus de même quand M. Lambot-Miraval ajoute : « qu'il serait surtout avantageux de construire des *barrages* au bas » des montagnes dénudées ; » car plus une montagne est dénudée et aride, plus l'écoulement des eaux y est rapide, et plus il importe d'y employer tous les moyens qui peuvent conduire à retarder la marche des eaux et à y conserver les terrains alluvionnaires.

A notre avis, les barrages coûteux sont du domaine des ingénieurs, et leur établissement doit être aussi rare que celui des *digues insubmersibles*, qui n'ont pas empêché la dévastion de nos cités et de nos campagnes.

M. Lambot-Miraval recommande trop la multiplication des fossés, qui à notre avis, ne doivent en général être établis que pour trouver les terres utiles à une amélioration agricole, et, sur les terrains en déclivité, pour l'établissement des bourrelets de retenue des eaux et des terres entraînées par les courants. M. Lambot-Miraval va jusqu'à dire : « que le

» nombre des fossés doit être, en moyenne, » de quatre par hectare; il ajoute qu'ils don- » neront lieu à une dépense d'environ 60 francs » pour cette surface. » De toutes les propositions faites par l'auteur, c'est celle qui, à notre avis, mérite le moins d'être prise en considération.

VII.

L'un de nos honorables amis, le savant M. Jobard, de Bruxelles, a traité, avec le talent supérieur qui le distingue, la question du reboisement de nos montagnes dénudées, et s'il ne m'est pas possible de partager de tous points son opinion, par trop favorable au reboisement, il m'est bien agréable de reconnaître avec quel tact exquis il a déclaré que, si l'Angleterre n'a pas de grandes forêts, elle a, comme compensation, « *beaucoup d'arbres et de grandes herbes* » *sur toutes les collines.* » En parlant ainsi, le Nestor des inventeurs était sur la voie de notre découverte, car il paraissait dire que si l'Angleterre n'avait pas de grandes contrées boisées pour arrêter la marche des eaux pluviales dans leur cours, elle avait, en revanche, une agriculture perfectionnée *qui devait produire le même résultat*. Nous remercions notre savant ami d'avoir émis cette pensée ; elle concorde admirablement avec notre système. Sur un autre point encore il y a parfait accord entre le résultat des observations du digne Directeur du Musée de l'industrie belge et le résultat de nos observations personnelles, c'est quand il dit : « qu'il n'est pas besoin de hautes futaies » séculaires pour empêcher le mal ; des taillis, » des buissons, des genêts, même de cinq à » six ans, suffiraient pour retenir les eaux et » les neiges ; car il ne faut que leur créer un » léger retard pour échapper à ces subites » lavasses qui causent tant de mal. »

VIII.

Comme dans une aussi grave question que celle qui nous occupe, il est utile de citer les auteurs de toutes les opinions émises, même celles entachées d'exagération et d'erreur, nous dirons qu'un journal anglais, le *Spectator*, a publié sous ce titre : *Les inondations en France*, une lettre dans laquelle M. Bridge-Adams a émis une opinion extrêmement favorable au reboisement des montagnes; mais cet auteur a tenu si peu de compte des faits, que nous devons nous dispenser de discuter son opinion.

IX.

Le savant ingénieur M. Vallée, auteur des belles études sur le lac de Genève et le Rhône, a proposé de faire servir le lac de Genève à prévenir les débordements de ce fleuve. Selon M. Vallée, il suffirait, pour obtenir ce résultat, de barrer le lac de Genève dans le cas de grandes crues, et de laisser le niveau des eaux s'élever ainsi pendant un temps suffisant, dans cet immense réservoir disposé par la nature. Ce vaste projet rentre tout à fait dans notre système, car le lac de Genève serait le réservoir providentiel qui empêcherait la formation du torrent.

X.

Après avoir rappelé les savants travaux de M. Vallée, au sujet du lac de Genève, nous allons passer aux propositions de M. de Montravel, qui est l'un des redoutables adversaires de l'endiguement, et en cela il est en parfait accord avec les attaques si fondées que nous nous permettions contre ce système, lorsqu'en 1846 le Gouvernement ordonnait partout, à grands frais, d'encaisser les fleuves de la France, et dépensait ainsi des millions pour donner plus de puissance et de force destructive aux torrents dévastateurs. Dans nos diverses lettres, adressées à cette époque au ministère des travaux publics, nous nous prononcions contre le système des *digues*, si improprement appelées *insubmersibles*, quand elles devaient nécessairement accroître les désastres dans les moments d'inondations extraordinaires ; car, plus on élève le niveau des fleuves, plus leur violence d'impulsion s'accroît : aussi devrait-on recevoir en principe que les désastres causés, en amont et en aval des digues établies, seront, lors de leur rupture, en raison de la hauteur de ces digues; les inondations de 1856 en ont partout fourni la preuve, et, comme on l'a dit fort judicieusement, les désastres des Charpennes, à Lyon, — de saint Pierre-des-Corps, à Tours, — et de Jargeau, dans le Loiret, ont définitivement condamné le système des digues, contre lequel je me suis prononcé dès l'année 1824, à partir du moment où MM. les Préfets de la Meuse, à la suite de dévastations occasionnées à des propriétés, m'ont confié les études des travaux à faire dans les vallées de la Saulx, de la Chée et de l'Ornain.

M. de Montravel propose de remplacer les digues latérales, qui encaissent les fleuves, par des digues transversales devant épandre les eaux dans toute la largeur des vallées et retarder les eaux dans leur marche. Il propose d'espacer ces chaussées transversales de deux mille mètres, ou plutôt, ce qui est plus rationnel, d'élever ces barrages au-dessus du niveau des crues ordinaires, et M. de Montravel propose d'établir les points de jonction au fleuve par une tête en maçonnerie solide, ayant de bonnes fondations, afin de ne point redouter les affouillements. Le surplus de la longueur des digues transversales doit, suivant lui, être construit en gravier, ou par terrassement, avec un revêtement en pavés en amont et avec des talus en gazon en aval.

Si la dépense des digues latérales est ici épargnée, elle est assurément compensée par les énormes dépenses du système adopté par M. de Montravel pour ses digues transversales. Nous reconnaissons que, par ce système, le niveau des fleuves cesserait d'être élevé d'une manière irréfléchie, car le moyen de M. de Montravel laisse aux torrents « la possibilité » de s'étendre sur les terrains bas et de les re- » hausser par des dépôts d'alluvion. » Le système de M. de Montravel est, à proprement parler, le colmatage des vallées adopté en principe; c'est la perte des récoltes sur pied lors des inondations extraordinaires; c'est l'appauvrissement des plateaux supérieurs; c'est restreindre la mise en culture aux seules vallées, et c'est borner les progrès en agriculture à une fraction bien minime du territoire, quand la population tend incessamment à s'accroître.

Si, au point de vue de la diminution des désastres, le système de M. de Montravel peut être loué, il n'en est pas de même sous le rapport des progrès agricoles et de l'accroissement du revenu territorial, qui deviendraient impossibles.

XI.

M. Rozet, dont les travaux ont été souvent cités dans ces derniers temps, s'est élevé plus haut que ses devanciers dans l'étude des causes des inondations, et dans un mémoire lu à l'Académie des sciences, le 26 mai 1856, sous ce titre : *Moyens de forcer les torrents des montagnes à rendre à l'agriculture une partie du sol qu'ils ravagent*, il a proposé un système de *digues criblantes*, qui consiste à établir, à la source des fleuves, en travers des torrents, sur les flancs des montagnes, de dix mètres en dix mètres, des barrages de blocs de pierres, en quartiers de rochers, qu'il fait sauter à la mine partout où ces rochers rétrécissent le cours du torrent et le font déborder. M. Rozet veut diminuer ainsi la force de précipitation des eaux pour les empêcher d'être une cause de dévastation dans les vallées ; effectivement, en obligeant l'eau à s'élever à chaque digue opposée à sa marche, pour se déverser ensuite au-dessus, chaque digue criblante arrêterait les graviers et les limons fertilisants, et le même obstacle étant répété de dix mètres en dix mètres, nos fleuves ne recevraient plus les eaux que tardivement, et il n'y arriverait plus que la partie des limons qui aurait dépassé la hauteur des digues criblantes.

Ce système est un pas utile fait par la science. Mais l'auteur ne s'attache qu'à la formation des torrents dans les cirques, sans remonter au véritable point de leur formation, en sorte que les plateaux supérieurs, par l'emploi de ce système, continueraient à perdre leurs terres végétales et deviendraient complétement arides. M. Rozet s'occupe des eaux accumulées dans les gorges étroites, ce qui forme une masse d'une grande épaisseur, dont la poussée entraîne les débris pierreux qui sortent, mêlés d'eau et de boue, par la gorge, avec une grande vitesse. L'auteur voit là « un système de barrage destiné

» à changer complétement le régime des tor-
» rents, et par suite celui des rivières dans les-
» quelles ils portent leurs eaux, et faire enfin
» que de destructeurs qu'ils sont, ils deviennent
» producteurs. »

M. Rozet est, dit-il, parvenu, par l'emploi de son système, à rendre à l'agriculture, dans les Hautes-Alpes, de vastes terrains qui avaient été dévastés par les torrents. M. Rozet se félicite d'y avoir réuni de précieuses couches de limon qui y ont été apportées des terrains supérieurs, et ce qui est considéré ici comme un succès aurait dû indiquer à M. Rozet qu'il n'avait pas assez fait, puisqu'en définitive il profitait (en un point intermédiairement placé, entre les vallées des fleuves et les plateaux des sommités des montagnes), de la dévastation des terrains supérieurs. — Le système de M. Rozet peut garantir quelque peu les vallées; il peut enrichir les espaces étroits où sont les torrents qui se forment sur les flancs des montagnes, mais il ne met pas un terme à l'aridité des plateaux supérieurs, et les dépenses que ce système occasionnerait seraient peu en rapport avec les résultats qu'il produirait.

M. Rozet condamne d'une manière absolue le système des digues insubmersibles, et, par ses études faites sur les lieux des désastres, en 1856, il a constaté que les plus grands effets de destruction ont partout été occasionnés où les digues ont été emportées par la puissance des eaux : c'est ce qu'il a constaté, sur la Loire, à la brèche d'Onzain, à l'immense brèche d'Amboise, à la vaste brèche près le pont de Mont-Louis, à Saint-Pierre-des-Corps, à la levée du Grand-Mont, etc.

Par ses études faites sur les lieux, au moment des désastres de 1856, M. Rozet a reconnu partout que le barrage transversal, ne serait-il composé que de haies, de simples treillages, de broussailles ou de vignes, rompt la violence des eaux et occasionne le dépôt des terres limoneuses, et mes explorations personnelles, faites de 1824 à 1827, dans la Meuse, m'ont aussi fourni cette démonstration ; c'est dès ce moment que j'ai compris combien de simples retenues pouvaient avoir de puissance pour combattre le fléau des inondations.

M. Rozet n'a pas fait les mêmes déductions que nous du résultat de ses explorations ; car il s'exprime ainsi : « Ces divers obstacles qui » viennent de produire de si grands effets, sont » bien inférieurs aux blocs et aux piliers de » pierre que je propose d'établir le long des » torrents, avec des traverses de cailloux, pour » en arrêter les dégâts et les forcer à colmater » le sol. *Mes digues criblantes*, placées dans les » gorges des bassins de réception et dans les » étranglements des vallées, empêcheront » certainement l'eau de s'élever subitement » dans le lit en aval, comme il arrive actuelle- » ment à la suite des pluies. »

Après avoir fait connaître l'ensemble du système de M. Rozet, nous devons exprimer que son principal défaut est d'être appliqué aux gorges des montagnes, sans avoir songé à prescrire les travaux préservateurs qui, sur les plateaux, doivent empêcher la formation des torrents. En portant ses regards plus haut, M. Rozet eût reconnu qu'il pouvait réduire considérablement les énormes dépenses qui résulteraient de l'adoption de ses barrages formés de blocs de rochers.

M. Rozet diminue la vitesse de l'eau dans les gorges, il force l'eau à s'étendre en nappes peu épaisses sur les plages des vallées, et il y fait ainsi déposer les limons fécondants ; il empêche les débris pierreux de s'accumuler dans les canaux de réception, et il diminue la vitesse initiale des torrents : sous ces deux points de vue, nous déclarons que son système est une amélioration, un pas de fait dans la bonne voie, mais ce n'est pas assez, car, si M. Rozet parvient à recueillir des limons fécondants, c'est qu'ils sont le résultat de la dénudation des plateaux supérieurs auxquels ils ont été enlevés, et où, dans un système complet et bien réfléchi, ils doivent être conservés, pour que la terre végétale et les engrais, qui appartiennent à un cultivateur, ne deviennent pas, en temps d'orage, la propriété d'un autre, et pour que les gorges ne profitent pas seules de la dévastation des plateaux supérieurs.

En établissant, comme M. Rozet le propose, ses digues criblantes à dix mètres de distance les unes des autres, cet ingénieur n'a pas réfléchi que cet espacement des barrages serait parfois exagéré et parfois insuffisant, car il est incontestable que cet espacement doit être en rapport avec l'inclinaison du terrain. Si ces barrages sont établis avec des blocs d'un mètre de hauteur sur un terrain ayant une pente de dix centimètres par mètre, les eaux seront partout contenues ou recueillies en espaçant les digues criblantes de dix mètres, tandis que si la pente des terrains est de quinze centimètres par mètre, les digues, espacées de dix mètres, ne retiendront plus les eaux que dans les deux tiers du développement de la gorge de déjection. C'est là une erreur qu'il serait facile de rectifier en application, et l'on reconnaîtrait bientôt que l'espacement des digues criblantes doit se régler en raison de la hauteur donnée à ces digues et de l'inclinaison générale du terrain; mais il y a une difficulté que le système de M. Rozet ne peut résoudre, c'est que les eaux provenant des immenses plateaux supérieurs ne peuvent être toutes contenues dans les gorges de déjection, toujours étroites et resserrées, en sorte que ses digues criblantes ne contiendraient jamais qu'une bien faible partie de l'eau produite : le surplus du torrent passerait nécessairement au-dessus des digues établies.

Nous devons faire une dernière remarque

au sujet du système de M. Rozet, c'est que si les hommes de l'art accueillaient la partie de son système qui conduit à annihiler la vitesse des torrents, ils auraient à se garder de composer les barrages de blocs ou de masses de rochers d'un mètre cube, suivant la recommandation expresse de l'auteur, quand on sait que le poids du mètre cube de roche varie de 2,000 à 2,500 kilogrammes, en sorte que ces constructions, par le prix d'extraction, par le transport à pied d'œuvre et par l'emploi ou la pose, conduiraient à des dépenses exorbitantes. Les propositions de l'auteur pourraient d'autant moins être accueillies, que, ses barrages étant établis de dix mètres en dix mètres, il en résulterait que chaque digue n'aurait à résister, au plus, par mètre superficiel, qu'à une puissance de dix mètres cubes d'eau qui se déposeraient par nappes successives ; enfin, M Rozet, en réclamant l'établissement de ses digues criblantes avec des quartiers de rochers de 2,000 à 2,500 kilogrammes, est complétement en opposition avec ce qui résulte de ses observations recueillies lors des grands débordements de 1856, puisqu'il a reconnu partout que le barrage transversal a une puissance extraordinaire pour amortir la force des torrents, lors même que le barrage ne serait composé *que de haies, de vignes, de broussailles, ou même d'un simple treillage :* ce sont les expressions employées par M. Rozet lui-même. Ces faits démontrent surabondamment que l'établissement des *digues criblantes composées d'énormes fragments de rochers* sera utilement remplacé par des barrages en maçonnerie ordinaire, et souvent par des digues en terre, ou par de simples haies.

Nous le répétons en finissant, l'ensemble du système de M. Rozet est un pas de fait pour la science, et plus ses travaux étaient dignes de nos éloges, plus nous avons considéré comme une obligation de faire connaître les quelques erreurs qui déparent ce beau travail.

XII.

M. Dausse, ingénieur en chef des ponts-et-chaussées, depuis les travaux de M. Rozet, est venu à son tour démontrer l'inutilité des *digues insubmersibles*, et les travaux de cet ingénieur prouvent l'étendue de ses connaissances, et qu'il traite sérieusement les questions dont il s'occupe; le haut mérite des travaux de M. Dausse va nous conduire à reproduire presque textuellement son opinion au sujet de la grave question qui nous occupe.

Dans son travail présenté le 16 juin 1857 au Conseil général des ponts-et-chaussées, et lu le 30 juin à l'Académie des sciences, M. Dausse a démontré l'inutilité des *digues insubmersibles* et des canaux d'assainissement, qui sont, ajoute-t-il, « le complément et la perfection du système » dans les cas les plus rebelles. » M. Dausse dit « qu'à la vérité le prix de ces digues colos- » sales et de ces canaux fait payer une seconde » fois la terre, et que leur entretien est un im- » pôt écrasant. » Il termine en disant « que les » lits délaissés, avec des digues insubmersibles, » demeurent d'éternels marais, en même temps » que les terres basses et froides sont dans » l'impossibilité de s'élever jamais. » M. Dausse veut, avec raison, qu'on fixe les berges, comme nos pères se contentaient de le faire, et il se montre très-favorable au système de colmatage des vallées. Nous en reconnaissons toute l'utilité pour les localités dont les terres sont facilement inondables, ce qui cause la dévastation de trop de récoltes; M. Dausse cite, à ce sujet, et avec raison, l'exemple des *segoneaux* de la partie inférieure de la vallée du Rhône. M. Dausse résume ainsi son système pour les vallées : « Qu'on se contente de digues arasées » à la hauteur des berges, en les fixant et re- » dressant convenablement, et réservant un lit » ni trop étroit ni trop large ; et puis qu'à une » certaine distance du lit, la plus grande pos- » sible, on élève des bourrelets de terre jusque » un peu au-dessus des crues ordinaires ; qu'on » renonce, s'il le faut, à certaines cultures, ou » qu'on les restreigne aux terrains moins expo- » sés. S'il y a des affluents torrentiels qui ris- » quent d'encombrer la rivière, qu'on ait grand » soin d'allonger leur cours, afin de les faire » aboutir presque parallèlement à la rivière, et » avec une pente peu différente de la sienne, » et qu'on les jette, pour cela, autant qu'il se » peut, dans les lits délaissés. »

Une pensée qu'il nous appartient de citer, parce qu'elle indique que M. Dausse a entrevu combien les développements de la culture pouvaient influer sur les inondations, est celle-ci : « Il faut surtout *reboiser et gazonner*, tant » qu'on pourra, les terrains en pente, *et même* » *le roc*, comme on l'a entrepris, non sans » succès, dans les Hautes-Alpes, parce que » c'est là, *sans nul doute, le plus général et le* » *plus puissant des palliatifs.* »

La plupart des réflexions de M. Dausse témoignent d'un talent d'observation qu'on ne saurait trop louer, aussi avons-nous cru nécessaire d'étendre et de multiplier nos extraits de son bon travail. Nous allons ajouter ici un autre passage du mémoire de M. Dausse, où il se prononce avec une grande force de raisonnement contre les digues insubmersibles.

« Ces inondations surprenantes, dit M. Dausse, » qui se répètent depuis 1840, et causent de si » grandes et de si douloureuses pertes, provo- » quent naturellement la question de savoir si » la science ne peut pas conjurer ce fléau dans » l'avenir, et d'abord si l'on est bien dans la » voie pour cela.

» On construit beaucoup de digues nou- » velles, on en entretient, on en relève d'an- » ciennes plus étendues encore, le tout, comme

» on sait, à grands frais pour l'Etat et les rive-
» rains; mais, après avoir plus ou moins long-
» temps, de la sorte, préservé nos vallées et
» nos villes, voici que des crues de plus en
» plus hautes surpassent toutes ces digues, dites
» *insubmersibles* (c'est le nom usuel, consacré,
» de celles que j'ai ici en vue) et commettent, à
» proportion même de la hauteur qu'on leur
» donne, de plus grands ravages.

» Non-seulement nul ne proteste contre la
» qualification qui vient d'être rappelée, mais
» de vastes projets, récemment adoptés, s'exé-
» cutent sous nos yeux suivant ce système, de
» plus en plus dominant et toujours ainsi dési-
» gné.

» Et aujourd'hui encore, quelle leçon sortira
» des événements? En refaisant à la hâte les
» digues emportées, ne va-t-on pas, sur ces
» points et partout ailleurs, les relever de nou-
» veau de quelques pieds de plus, et peut-être,
» au demeurant, après bien des discussions
» éphémères, en reste là? »

» C'est du moins ainsi qu'on s'est engagé
» toujours davantage dans ce système de digues
» ou de levées soi-disant insubmersibles, mais

» je crois le moment venu d'accuser ce système » d'être *illusoire, ruineux et funeste*.

» Oubliant la portée des mots, on ne prend » pas garde qu'on encourage, par celui qui » désigne expressément le système dont il s'a- » git ici, les constructions qu'on voit se multi- » plier dans nos vallées endiguées, et l'on fait, » d'ailleurs, soi-même, dans celles surtout où » la plupart des crues nuiraient encore aux » récoltes, non plus par débordement sur les » digues, mais par infiltration en dessous, l'on » fait, dis-je, de grands canaux d'assainisse- » ment qui supposent, en effet, l'insubmersi- » bilité des digues ; car ils seraient autrement » un nouveau lit tout préparé pour la rivière à » son premier débordement imprévu : nouveau » lit qu'elle pourrait bien, l'élargissant et l'ache- » vant en vingt-quatre heures, s'approprier et » garder.

» C'est assez dire qu'il y a sur ce point un » examen radical à faire, et, qu'avant d'aller » si loin, d'urgence en urgence, dans le mal- » heureux système de l'endiguement excessif » des rivières, on eût dû se demander assuré- » ment s'il y a une limite assignable à leurs

» plus grandes crues : question première et » capitale, quoique presque puérile à force » d'être naturelle, et que pourtant je puis dire, » en toute sincérité, n'avoir jamais ouï poser » par personne. »

Ces réflexions de M. Dausse méritent d'être prises en sérieuse considération, et elles combattent avec tant de force tout ce qui a été fait et tout ce qui a été projeté par les ingénieurs du Gouvernement, que nous ne saurions trop insister pour qu'on lise son travail et pour qu'on abandonne enfin le projet trop exclusif des *digues dites insubmersibles*. Nous sommes heureux de voir M. Dausse soutenir, en 1856, avec tant de talent, la cause pour laquelle nous luttons depuis vingt ans.

XIII.

Le travail de M. Dausse est sans doute ce qui a été produit de plus sérieux, dans ces derniers temps, sur la question des inondations ; mais les déplorables désastres de 1856 ont produit plus encore, ils ont conduit le Souverain de la

France à s'occuper de la question à l'ordre du jour, et le *Moniteur universel*, du 21 juillet 1856, a enregistré, dans ses colonnes, une lettre qui est un document fort remarquable adressé par l'Empereur à M. le ministre des travaux publics. La plupart des passages de cette lettre prononcent en dernier ressort au sujet de plusieurs points pour lesquels nous combattions sans succès contre les ingénieurs du Gouvernement, et mettent sur la voie de ce qui reste à faire au sujet de la grave question des inondations; enfin, cette lettre est en quelque sorte la préface de notre système, car il n'y existe pas un passage qui soit en opposition avec notre découverte; aussi ferons-nous diverses citations de la lettre de Napoléon III, qui démontrent qu'il s'est élevé au-dessus des erreurs de l'époque, et qu'il a en quelque sorte tracé le programme de ce qui doit être fait pour arriver à l'adoption d'*un système général* pour nous garantir de nouveaux désastres.

D'abord, l'Empereur prononce avec raison « qu'il n'y a rien de plus aisé que d'élever des » ouvrages d'art *qui préservent momentanément* » d'inondations des villes telles que Lyon,

» Valence, Avignon, Tarascon, Orléans, Blois » et Tours », et il ajoute : « mais quant au *sys-* » *tème général à adopter pour mettre, dans* » *l'avenir, à l'abri de si terribles fléaux nos* » *riches vallées* traversées par de grands fleu- » ves, voilà ce qui *manque* encore ET CE QU'IL » FAUT ABSOLUMENT ET IMMÉDIATEMENT TROUVER. »

Voilà ce que Sa Majesté déclarait manquer, dans *le Moniteur* du 21 juillet, et ce même jour, 21 juillet, ma lettre adressée à l'Empereur, qui était alors à Plombières, lui annonçait « que je *possédais ce système général*, et que » je lui offrais tout simplement *la suppression* » *du fléau des inondations extraordinaires par* » *l'emploi utile des eaux.* »

Aujourd'hui, ce qui doit le plus frapper, c'est que le programme de l'Empereur n'a pas été suivi ; — c'est que, hors moi, personne n'a trouvé *absolument et immédiatement* le système général à adopter, et que tous les ingénieurs, après deux années entières pendant lesquelles ils ont dû au moins réfléchir et étudier, se contentent de proposer, *ce qui est fort aisé*, de dépenser 31 millions de francs en ouvrages d'art, qui préserveront, *momentanément*, les villes d'inondations, et qui ne les garantiront pas assurément des immenses désastres qui seront la conséquence de la rupture de ces mêmes digues.

Il est inconcevable que deux années de recherches et de travaux de tant d'ingénieurs d'un haut mérite aboutissent à un résultat aussi négatif, quand Sa Majesté l'Empereur avait dit, avec tant de vérité et de raison : « Aujourd'hui, « chacun demande une digue, quitte *à rejeter* » *l'eau sur son voisin.* Or le système des digues » *n'est qu'un palliatif ruineux pour l'Etat*, *im-* » *parfait pour les intérêts à protéger*, car, en » général, les sables charriés exhaussent sans » cesse le lit des fleuves, et les digues tendant » sans cesse à les resserrer, *il faudrait toujours* » *élever le niveau de ces digues*, les prolonger » *sans interruption* sur les deux rives, et les » soumettre à une surveillance de tous les mo- » ments. Ce système, *qui coûterait seulement* » *pour le Rhône plus de cent millions*, serait » insuffisant, car il serait impossible d'obtenir » de tous les riverains cette surveillance de » tous les moments, qui seule pourrait em- » pêcher une rupture, et, *une seule digue se*

» *rompant, la catastrophe serait d'autant plus* » *terrible, que* LES DIGUES AURAIENT ÉTÉ ÉLEVÉES » PLUS HAUT. » Assurément il serait impossible de nous donner plus complétement raison contre ceux qui ont persisté, en 1858, à vouloir élever des digues, pour protéger un instant certains points déterminés, au préjudice des terrains situés en amont et en aval.

Dans sa lettre si remarquable, l'Empereur a dit : « *qu'avant de chercher le remède à un mal,* » *il faut en bien étudier la cause*, » et il a ajouté aussitôt : « Or, d'où viennent les crues subites » de nos grands fleuves? Elles viennent de » *l'eau tombée dans nos montagnes*, et très-peu » de l'eau tombée dans les plaines. Cela est si » vrai que, pour la Loire, la crue se fait sentir » à Roanne et à Nevers 20 ou 30 heures avant » d'arriver à Orléans et à Blois. »

« Ce phénomène est facile à comprendre : » quand la pluie tombe dans une plaine, *la* » *terre sert, pour ainsi dire, d'éponge ;* l'eau, » avant d'arriver au fleuve, doit traverser *une* » *vaste étendue de terrains perméables et* LEUR » FAIBLE PENTE *retarde son écoulement.* »

Tout ce qui vient d'être exprimé est d'une

vérité incontestable et se trouve en parfaite harmonie avec ce que j'ai fait et proposé. Avant de chercher à remédier aux désastres des inondations, j'en ai étudié les causes, et, comme l'Empereur, j'ai reconnu que les crues subites des vallées sont occasionnées par les eaux qui tombent sur les montagnes et sur les plateaux supérieurs, où je cherche à les conserver, en obligeant les eaux *à traverser une vaste étendue de terrains perméables* avant d'arriver aux fleuves. Sa Majesté l'Empereur a ajouté: *que leur faible pente en retardera l'écoulement*, et c'est ce que j'obtiens en supprimant ou réduisant les pentes, autant que cela est possible, par mon système de labourage et de plantation. Enfin, en prononçant *que la terre, pour ainsi dire, doit servir d'éponge*, l'Empereur a presque exprimé que c'est par une culture perfectionnée qu'on peut retarder les eaux dans leurs cours et les empêcher de servir d'aliment aux inondations, et c'est une des principales bases de mon système. Il s'en rapproche plus encore quand il dit: « Si le vo-
» lume d'eau *peut être retenu* de manière que
» l'écoulement ne se fasse *qu'en deux ou trois*

» *fois plus de temps*, alors, on le conçoit, *l'inon-*
» *dation sera rendue deux ou trois fois moins*
» *dangereuse*. Tout consiste donc A RETARDER
» L'ÉCOULEMENT DES EAUX. » Il n'est pas possible de mieux sentir et de mieux exprimer par quel principe il faut combattre le fléau des inondations, et, comme je le disais dans ma lettre du 21 juillet 1856 à l'Empereur lui-même : « Il
» est inconcevable qu'après avoir exprimé cette
» vérité, il n'en ait pas à l'instant déduit les
» utiles conséquences. » Oui, tout consiste, comme l'a dit le Chef de l'Etat, *à retarder l'écoulement de l'eau*, et j'ajoute qu'en la retardant dans sa marche, il faut en faire un emploi utile dans l'intérêt de l'agriculture.

L'Empereur, en reconnaissant l'utilité de retarder l'écoulement de l'eau, a demandé d'étudier le système des *barrages*, — il a appelé l'attention sur ce que la nature a produit en grand par le lac de Constance et le lac de Genève, — il a rappelé le travail de M. Collignon, au sujet de la digue de Pinay, — et a terminé par cette remarque fort judicieuse :
« Maintenant, comme il est très-important que
» les crues de chaque petit affluent n'arrivent

» pas en même temps dans la rivière princi- » pale, on pourrait peut-être, en multipliant » dans les uns ou en restreignant dans les » autres le nombre des barrages, retarder le » cours de certains affluents, de telle sorte que » la crue des uns arrive toujours après les » autres. »

L'Empereur a terminé sa lettre en recommandant « de faire étudier ce système le plus » tôt possible sur les lieux mêmes par les » hommes compétents du ministère, » — en appelant l'attention sur « l'emploi des digues » faites en branchages, ouvertes en amont, » formant des bassins de limonage, ainsi que » le propose M. Fortin, » — en demandant d'étudier sérieusement la proposition de M. Valès, au sujet des eaux du Léman et de la vallée du Rhône, — et en recommandant de *ne confier le régime des grands fleuves qu'à une seule personne*, afin que la direction fût unique et prompte dans le moment du danger.

Les dernières lignes de cette lettre doivent être citées ici textuellement, parce qu'elles contiennent plus d'une leçon utile. Voici ces lignes remarquables : « Ce qui est arrivé après

» la grande inondation de 1846 *doit nous servir* » *de leçon :* on a *beaucoup parlé aux cham-* » *bres*, on a fait des *rapports très-lumineux*, » mais aucun *système n'a été adopté*, aucune » *impulsion nettement définie* n'a été donnée, » et l'on s'est borné à *faire des travaux par-* » *tiels*, qui, au dire de tous les hommes de » science, n'ont servi, à cause de leur défaut » d'ensemble, qu'à rendre LES EFFETS DU DER- » NIER FLÉAU PLUS DÉSASTREUX. »

Il résulte de ces lignes, que les immenses désastres de 1856 auront d'heureux résultats : qu'on parlera peu et qu'on méditera sérieusement au sujet de ce qui doit être fait ; qu'on ne se contentera pas de faire des rapports plus ou moins savants, mais qu'on imprimera une telle impulsion aux études et aux recherches, qu'il en résultera l'adoption d'un système complet de travaux qui aura pour *effet de rendre les inondations mo is désastreuses!* Puissent ces nobles et généreuses pensées se réaliser bientôt !

XIV.

Après avoir analysé en quelque sorte tout ce qui a été produit jusqu'à la publication de la lettre du Chef de l'Etat, en juillet 1856, au sujet de la grave question des inondations, nous allons nous occuper successivement de tout ce qui a été fait depuis cette date, c'est-à-dire pendant ces dernières années. Tout s'y résume par la publication de l'ouvrage de M. F. Valès, intitulé : *Etudes sur les inondations*, — par la présentation de la loi *contre les inondations*, — et par la prise de mon 1er brevet d'invention, le 31 mai 1858, sous ce titre : *Transformation des inondations en de fécondes irrigations*, ou *système général d'irrigation*, *de culture et de plantation*. Nous allons d'abord nous occuper du livre de M. Valès.

M. Valès croit arriver à écarter tous les dangers des inondations et à en recueillir les bienfaits : 1° en détournant du lit des fleuves une quantité d'eau équivalente à celle qui constitue l'excès de leur lit, et 2° en détruisant la vitesse des eaux envahissantes. Les réflexions auxquelles nous nous livrerons démontreront bientôt que les théories de M. Valès seront nécessairement peu appliquées, mais avant de nous occuper des propositions de l'auteur, voyons d'abord comment il cherche à démontrer que ce qui a été fait jusqu'à présent va contre le but qu'on se propose.

M. Valès reconnaît, comme nous, que le reboisement n'aurait pas, sur les inondations, l'influence qu'on en espère. Il s'appuie d'une série d'observations faites de 1709 à 1748 et de 1806 à 1841 pour déclarer que la quantité annuelle de pluie a augmenté par le déboisement, et il ajoute que, d'un relevé embrassant une période de 250 ans, il résulte que par demi-siècle les inondations ont été en nombre égal, nonobstant la disparition d'une immense quantité de forêts; enfin que, de 1615 à 1850, la hauteur des inondations a constamment diminué à l'échelle du pont de la Tournelle, à Paris. Si la quantité annuelle de pluie a augmenté de 1709 à 1841, elle devait naturellement élever la hauteur d'eau des inondations, et comme l'échelle du pont de la

Tournelle a démontré qu'un résultat contraire a été obtenu, il faut qu'une cause étrangère et puissante ait contribué à produire ce résultat; nous l'attribuons, nous, au développement de la culture, qui a remplacé les anciennes forêts, et au défrichement progressif des terrains qui, précédemment, étaient abandonnés et restaient sans culture. Cette grave considération n'appelle l'attention de personne, et cependant il est incontestable que la culture rend la terre plus perméable, qu'alors une grande partie des eaux pluviales se trouve absorbée et va saturer les sous-sols, ce qui diminue d'autant la force des torrents. C'est cette observation, dont personne n'a tenu compte jusqu'à ce jour, qui est l'une des bases de notre nouveau système de culture, et l'on reconnaîtra plus tard combien ses résultats influeront sur la fortune publique.

Au sujet des digues latérales aux fleuves, M. Valès partage complétement notre opinion, car il les déclare dangereuses; mais, nous ne pouvons accepter ses idées au sujet du colmatage des vallées, car M. Valès est trop favorable à cette opération. Nous reconnaissons comme lui que, sans les crues, les débordements et les inondations, le sol cultivable de nos vallées n'existerait pas, mais est-ce bien un motif pour supposer que le colmatage doive être érigé en principe dans le seul intérêt de nos vallées? nous ne pouvons partager cette opinion, car cela reviendrait à dire qu'il est nécessaire de couvrir un sol cultivable et fertile par d'autres couches d'un même sol, en sorte que le sol premier serait enfoui et ses récoltes détruites dans la vue de lui substituer de nouveaux sols qui seraient amenés par les inondations périodiques. Qu'on favorise le colmatage des terrains arides, rien de mieux, et c'est sur ces points surtout que nous proposerons l'établissement de digues transversales fort peu coûteuses, afin de retenir les eaux et les limons fécondants; mais, quand on voudra généraliser cette mesure et l'étendre à toutes nos vallées, nous nous déclarerons l'adversaire de ce système et nous démontrerons combien il serait nuisible.

Pour pouvoir avancer que les inondations ont quelque chose de bon, M. Valès dit: « Que deviendrait la vallée du Nil sans ses inondations? Qu'eût été l'ancienne Egypte sans les débordements du fleuve sacré? Cette terre fertile et jadis si florissante n'eût été qu'un désert de plus ajouté à ceux qui l'entourent. A quoi bon d'ailleurs aller chercher des exemples au loin ? Parcourons les diverses régions agricoles de la France, examinons comment la fertilité du sol y est répartie, et nous reconnaîtrons généralement que les parties les plus fécondes entre toutes se trouvent dans les vallées, sur les surfaces planes ou peu inclinées, qui se sont enrichies de dépôts limoneux. » M. Valès dit ailleurs: « que de prairies qui ne doivent leurs abondantes récoltes qu'à des inondations périodiques! » M. Valès considère donc comme un bienfait les dépôts *successifs* de terrains limoneux, sans réfléchir, qu'à chaque dépôt nouveau, des récoltes entières sont enfouies et dévastées, et que les dépôts limoneux ne produisent des récoltes fécondes que dans les années postérieures, et sans réfléchir que, si *dix inondations* extraordinaires en un siècle apportent *dix dépôts* limoneux dans une vallée, il en résulte qu'en mille ans la vallée se trouvera avoir successivement reçu *cent couches* de dépôts limoneux, QUI PROVIENNENT DE LA DÉVASTATION OU DE LA DÉNUDATION DES TERRAINS

SUPÉRIEURS, en sorte qu'en fait, la dernière couche rapportée servira à féconder la récolte, tandis que les 99 *couches* inférieures de dépôts limoneux seront enfouies en pure perte, quand elles seraient une source d'abondantes récoltes dans les terrains supérieurs, si le sol et ses engrais y avaient été conservés. Je ne puis croire un système sérieux et complet quand il conduit à considérer de *pareilles dévastations comme un bienfait.*

Dans mon système, le *colmatage* est excessivement lent, et c'est le seul moyen d'obtenir les plus grands résultats en agriculture. Sans doute les limons fertilisans ont une grande puissance végétative, mais ceux déposés par les inondations, telles qu'elles se produisent aujourd'hui, ne *rapportent* qu'après avoir *détruit*, et comme les inondations extraordinaires sont trop répétées, il y a nécessité de ne laisser le *colmatage* s'opérer dans les vallées qu'à des époques éloignées, lors des déluges auxquels la prévoyance humaine ne peut mettre fin, et, dans toutes les autres circonstances, il faut chercher, par un bon système agricole, à empêcher la dévastation des terrains supérieurs, qui s'opère toujours trop promptement : c'est ce qui ne frappe pas assez les savants et le Gouvernement.

On a dit que *fertilité* et *inondation* sont choses que l'homme peut combiner dans de certaines limites, mais qu'il ne lui est pas donné de séparer absolument; à mon avis, la *fertilité* n'est pas la conséquence naturelle de l'*inondation*, qui entraîne parfois avec elle l'idée de la *dévastation*, aussi, dans mon système, ai-je substitué l'*irrigation* à l'*inondation*, parce que l'irrigation seule produit la *fertilité*.

Dans le travail de M. Valès, il est avoué que sur les massifs montagneux du centre de la France, comme sur les faîtes des Alpes et des Pyrénées on ne rencontre qu'une médiocre production végétale, ce qui est en grande partie dû à la dénudation des plateaux supérieurs, et M. Valès se contente de constater ce fait pénible sans chercher par quel moyen on pourrait y remédier.

M. Valès cite la vallée de l'Alsace qu'entourent les faîtes du Jura, les ballons des Vosges et la Forêt-Noire, — la Limagne, dominée par les cîmes du Cantal, du Puy-de-Dôme et du Mont-d'Or, — la vallée de la Loire, la Beauce et la vallée de la Garonne, comme étant nos terrains les plus fertiles, et s'ils sont tels, dit M. Valès, c'est parce que dans le passé ils ont reçu les épanchements de massifs plus élevés, et que dans le présent ils reçoivent les limons fertilisans des inondations. Cette réflexion indique, et cela est exact, que les vallées ne sont productives que par la dénudation des terrains supérieurs; mais, dès que ces vallées sont actuellement fertiles, nous demandons pourquoi on voudrait, par un système de colmatage général, couvrir les récoltes et les terrains de ces vallées fertiles, en continuant à dépouiller les terrains supérieurs de leurs engrais, de leurs humus, de leurs limons fécondans? Où donc serait l'avantage d'éterniser la dévastation des terrains supérieurs pour arriver à élever chaque jour davantage le sol de nos vallées? Une fois que les choses auront été examinées sous ce point de vue, nous avons la certitude qu'on renoncera au colmatage continu de nos vallées érigé en système, quand, par la force des choses et par leur situation, les vallées recevront, par la longue succession des années, tout ce qui leur faut de limons fécondans pour renouveler l'énergie vitale du sol et pour conserver sa fertilité, sans détruire aucune récolte sur pied.

Dans son livre, M. Valès a recueilli avec soin les résultats des observations faites sur la quantité de matières terreuses contenue par mètre cube d'eau, lors des inondations du Rhône, de la Saône, de la Meuse, de la Garonne, de la Durance, du Tarn, de l'Ardêche, de l'Hérault et de la Drôme, afin d'en déduire la puissance de colmatage des inondations, mais ce travail ne peut, à notre avis, présenter des résultats assez positifs pour qu'il en soit tenu compte en application, car les eaux des crues, on le sait, sont plus ou moins troubles en raison de la situation des terrains supérieurs au moment de la chute des eaux pluviales, en raison de la durée des pluies et de leur abondance, et surtout en raison des distances parcourues par les eaux torrentielles, aussi ne suis-je pas surpris de voir, dans les données présentées par M. Valès, des différences de 7 grammes à 7 kilogrammes ; cette seule citation suffit pour démontrer que les observations recueillies ne peuvent servir de base à des calculs sérieux.

Nous ne disconvenons pas que les crues, à côté des immenses désastres qu'elles produisent, peuvent donner, par la suite, dans quelques localités, des compensations utiles par de bonnes récoltes obtenues; mais, nous devons ajouter que ces mêmes résultats avantageux seraient obtenus, sans aucune perte préalable, si nos vallées étaient soumises, comme les plateaux, à un bon système d'irrigation. On comprend, par ce que nous venons de dire, que nous accueillons difficilement le système de compensation qui consiste à dire que « *tel* » *qui pleure cette année sur sa récolte détruite* » *sera consolé par huit, dix, quelquefois* » *même vingt années de fertilité et d'abon-* » *dance.* » Je ne suis pas l'ami des destructions et des ruines inutiles, et je pense qu'il serait préférable de transformer, suivant mon système, les *inondations* en *irrigations*, attendu qu'ainsi aucune récolte ne serait détruite et que l'irrigation introduite partout assurerait les huit, dix ou vingt années de fertilité et d'abondance, sans avoir à *pleurer la destruction d'une récolte.*

Le colmatage par le fait des inondations a contre lui les premiers désastres qu'il occasionne, la perte et l'enfouissement des magnifiques récoltes qui sont sur pied lors de l'inondation, et les travaux qu'il est nécessaire de faire pour rendre les nouveaux terrains rapportés propres à la culture, et si, après ces désastres et ces travaux, le colmatage produit quelques années de bonnes récoltes dans une vallée qui, précédemment, était déjà féconde, il faut reconnaître que ce colmatage est le résultat de la dévastation des terrains supérieurs qui, se dépouillant lentement, et de siècle en siècle, finiront par être complétement dénudés. Ce fait, qui peut avoir d'immenses conséquences sur l'avenir de notre agriculture, doit attirer l'attention des savants et du gouvernement, car les cultivateurs ne continueraient pas à labourer les plateaux et à y porter des engrais, si les résultats de leurs travaux et de leurs dépenses devaient, tôt ou tard, par le colmatage érigé en système, aller enrichir les vallées ou combler l'embouchure de nos fleuves dans la mer.

Sans doute, sur quelques points, le colmatage a produit d'heureux résultats, tels sont les Segonaux cités par M. Dausse, et les Galènes, citées par M. Baumgarten, comme étant situées entre le Pô et les maîtresses digues, et certaines parties de la Lombardie mentionnées par M. Valès, mais ces points sont des exceptions où les alluvions n'étaient pas composées d'un amas de cailloux, de débris pierreux, ou de sables arides, comme on en rencontre partout des exemples. On aurait tort de croire que toujours le colmatage produit des terrains fertiles, car les terribles inondations de 1856 ont fourni de nombreux exemples de terrains rapportés qui resteront longtemps encore sans pouvoir être cultivés.

Depuis la lettre remarquable écrite par l'Empereur à M. le Ministre des travaux publics, lettre insérée au Moniteur, l'opinion favorable à l'établissement des digues latérales aux fleuves est totalement abandonnée, et il n'est peut-être plus un ingénieur qui ne reconnaisse que la vitesse que ces digues donnaient aux courants est une erreur qui se traduit nécessairement en désastres. M. Valès partage cette opinion, mais il accepte « *les vitesses*

» *modérées, quoique assez fortes encore pour* » *tenir en suspension les matières fertilisantes,* » qu'il suppose utiles à l'agriculture; ici l'erreur de M. Valès est grave, car les matières en suspension peuvent ajouter à un sol ce qu'il contient déjà en excès, et si ces *matières fertilisantes* sont, par un hasard heureux, utiles sur un point de la vallée, comme elles sont produites par la dévastation des terrains supérieurs, et qu'il est positif que leur transport n'ajoute rien à leur valeur, il en résulte incontestablement que si l'hectare de terrain, dans la vallée, a acquis, par le colmatage, une valeur de 150 fr. en plus, c'est que des terrains supérieurs ont perdu 150 fr. de leur prix ou de leur valeur. Nous ne voyons pas là un avantage pour l'agriculture, surtout en tenant compte que le colmatage des vallées ne s'obtient, le plus souvent, que par la perte de la récolte sur pied.

Nous ne suivrons pas M. Valès dans la partie de son livre où il s'occupe de combattre le système des digues latérales aux fleuves, en s'appuyant des savants travaux de M. Dausse, car ce système est définitivement jugé et abandonné, mais, dans la suite de ce travail, nous

nous occuperons du système qu'il expose pour modérer la vitesse des inondations et emmagasiner les eaux provenant des crues, en remarquant toutefois que ce système, qui consiste à modérer la vitesse des inondations par l'établissement de digues transversales ou de retenues, et par la création de réservoirs protecteurs, n'a rien de neuf, rien qui lui appartienne en propre, car dès l'année 1848, dans notre mémoire intitulé : *question de l'écoulement des eaux*, et dans nos propositions adressées aux divers ministères des travaux publics, des finances, etc., nous avons proposé l'emploi de ces moyens d'une manière bien plus rationnelle, puisqu'il s'agissait d'empêcher la formation des torrents, et depuis, M. Lambot-Miraval, par son mémoire publié en 1856, a reproduit une opinion à peu près semblable à la nôtre, sans remonter aussi haut dans l'étude des causes des inondations, et depuis encore M. de Montravel a proposé l'établissement des digues transversales, et M. Rozet a proposé mieux que M. Valès, pour les bassins protecteurs, en cherchant à les reporter sur les flancs des montagnes afin de diminuer la vitesse de l'eau dans les gorges.

Tout assurément n'est pas à dédaigner dans le livre de M. Valès, mais il est constant qu'avant lui on a prouvé qu'il faut chercher à épancher tranquillement les eaux des inondations, que les masses d'eaux tranquilles hâtent le colmatage des vallées, enfin qu'il faut diminuer la rapidité des torrents ; avant M. Valès on avait prononcé *qu'il fallait amortir les vitesses de manière que la masse fluide arrive sans occasionner des désastres.*

Voyons maintenant si M. Valès a été heureux quand il a cherché *à transformer en bienfait ce qui est actuellement un désastre.* M. Valès propose de créer *de vastes retenues, de grandes réserves d'eaux dans les régions montagneuses. Les vastes retenues* de M. Valès sont des réservoirs enlevant *de vastes terrains* à l'agriculture. Je conçois une vaste retenue d'eau comme le lac de Genève, comme le lac de Constance, qui sont formés par la nature ; ailleurs, je ne conçois que l'irrigation immédiate comme chose utile, et je déclare qu'il n'est pas un cultivateur sérieux qui consentirait à transformer des terrains en culture en une *vaste retenue d'eau,* ce qui diminuerait d'autant la masse des terrains cultivés.

M. Valès, suivant moi, a émis une idée non acceptable en proposant « de créer des espèces » de bassins régulateurs, *qui emmagasineraient* » *les eaux*, après les grandes pluies ou les » fontes de neige, et qui ne les laisseraient » écouler que progressivement. » Il n'est pas sérieux de proposer ainsi d'enlever d'immenses terrains à l'agriculture pour *emmagasiner des eaux*, et les laisser là, sans utilité, au lieu de les faire servir *continuellement et partout* à de fécondes irrigations.

Sur les rives de la Loire, M. Boulangé a trouvé 24 points où l'on pourrait établir des barrages; dans la chaîne des Pyrénées, on a trouvé le moyen de faire en divers endroits des réserves d'eau de 50 millions de mètres cubes; sur les bords de l'Yonne et de la Seine, on a reconnu la possibilité de créer des réserves de 120 à 130 millions de mètres cubes, et tout cela peut être, par l'adoption de mon système, bien avantageusement remplacé, puisqu'au lieu d'enlever des terrains à l'agriculture, toutes les eaux qu'on propose *d'emmagasiner* seraient, dès leur chute sur terre, employées en fructueuses irrigations, pour être ensuite rendues, lentement, après les temps d'orages, aux vallées, et dans des proportions plus régulières, ce qui serait utile *à l'emploi des forces hydrauliques des usines et à la navigation des rivières.*

M. Valès a consacré 150 pages de son livre à traiter de l'influence des forêts sur la pluie et le cours des eaux, et cette partie de son travail n'est pas heureuse, car il y combat les théories sérieuses et savantes de M. Dausse et de M. Babinet, membre fort distingué de l'Académie des sciences, théories que nous approuvons complétement. Pour démontrer combien M. Valès est ici dans l'erreur, il nous suffira de dire qu'il prétend « *que les couches » d'air au-dessus des forêts sont les plus sèches » d'entre toutes* » et que « *l'air au-dessus des » forêts n'est pas seulement plus sec, mais qu'il » est nécessairement plus chaud.* » Ces deux erreurs sont tellement palpables qu'il suffit de les indiquer pour que chacun comprenne qu'il est inutile de les combattre.

Pour nous résumer, M. Valès croit avoir réduit *le fléau des inondations à présenter moins de dangers que d'avantages*, et pour cela, il propose : 1° de construire, sur des points donnés du cours des grands fleuves, des réservoirs capables de soustraire à la masse de leurs eaux la quantité excédante qui produit les inondations; 2º d'établir des digues transversales qui, en cas d'inondation partielle, priveraient les eaux envahissantes de leur dangereuse vitesse, et, en les forçant à déposer leur limon, établiraient ainsi un colmatage naturel sur une grande échelle. Pour démontrer en peu de mots que ce système n'atteindrait pas le but annoncé, il suffit de comparer l'exiguité de la superficie des vallées, où les eaux sont recueillies, avec l'immensité de la superficie des plateaux qui produisent les eaux. Cette comparaison fournira immédiatement la preuve de l'insuffisance incontestable des réservoirs ou bassins régulateurs et des digues transversales à établir dans les vallées, les eaux y seraient-elles maintenues partout à une hauteur moyenne de un mètre. En voici la démonstration.

Je suppose l'étendue de la vallée, où des digues transversales et des bassins seraient établis, fixée à un développement de 10,000 mètres en longueur, sur une largeur moyenne de 1,000 mètres, cela détermine une superficie totale de 10,000,000 mètres, et, en supposant la retenue de l'eau étendue à tous les points de la vallée, sur une hauteur moyenne de un mètre, le cube d'eau recueilli serait de 10,000,000 ou de dix millions de mètres cubes. Supposons maintenant que, d'après des données fort ordinaires, la masse des terrains dont la vallée décrite recueille les eaux ait 100,000 mètres de longueur sur 10,000 mètres de largeur, il en résultera que ce bassin général aura une superficie totale de 1,000,000,000, ou un milliard de mètres ; si la quantité d'eau tombée sur cette superficie, est de 0,10 centimètres de hauteur, la quantité d'eau qui se portera dans la vallée sera de 100,000,000, ou cent millions de mètres cubes, et comme les digues transversales et les bassins proposés par M. Valès ne peuvent en retenir, au plus, que 10 millions de mètres cubes, il en résulte, qu'en inondant toute la vallée, M. Valès n'aurait encore retenu que le dixième des eaux produites, en sorte que les neuf dixièmes de ces eaux dépasseraient la hauteur des digues transversales proposées et seraient un véritable torrent dévastateur pour toutes les parties situées en aval de la vallée qu'il cherchait à garantir. Ces chiffres démontrent combien le système développé par M. Valès serait loin de produire les résultats qu'il espère.

Le volume de M. Valès n'a pas fait faire un pas à la science, et il ne faut pas croire pour cela que la question des inondations n'approche pas de sa solution; comme l'a dit M. Burat, dans un article publié dans le *Constitutionnel* du 20 avril 1858, au sujet du projet de loi soumis au Corps législatif, pour l'exécution des travaux de défense contre les inondations, *les efforts de l'homme, pour combattre le fléau des inondations, ne resteront pas impuissants*, et le jour n'est pas éloigné ou, comme l'a dit l'Empereur, *les fleuves rentreront dans leur lit pour n'en plus sortir*, mais ce n'est pas en établissant des digues transversales aux fleuves, au lieu de digues latérales, — ce n'est pas en enlevant de riches terrains à l'agriculture pour les transformer en de vastes réservoirs, qui deviendraient bientôt des marais, — et ce n'est pas en érigeant le colmatage des vallées en système, comme M. Valès le propose à son tour, qu'on obtiendra de bons résultats. C'est vainement, dirons-nous, qu'on dévorerait les ressources de la France pour l'établissement de *travaux défensifs ou répressifs*, qui doivent tôt ou tard devenir complétement inutiles lors de l'adoption des *travaux préventifs*, et je me suis demandé si M. Burat, quand il composait son article du 20 avril, avait pris connaissance de mon système, car il y a inscrit ces mots : « *Nous avons l'espérance de voir la* » *France dotée de tout un système de travaux* » *préventifs qui empêcheront les eaux torren-* » *tielles de se déverser dans nos vallées.* »

XV.

Nous avons eu à nous occuper jusqu'à ce moment de tout ce qui a été produit par des ingénieurs, des auteurs, etc., au sujet de la grave question des inondations, et nous avons pu dès lors exprimer toute notre pensée, sans réserve et sans réticences; nous abordons maintenant un travail plus difficile, plus délicat, car nous avons à donner notre opinion au sujet de la discussion du projet de loi présenté par décret du 12 avril 1858 et à faire d'abord l'examen de l'*Exposé des motifs* de ce projet de loi, tel qu'il a été inséré au *Moniteur* du 22 avril 1858. Nous ne reculerons pas devant cet examen, et nous y apporterons toute la prudence nécessaire; mais, comme il s'agit d'une question grave, à peine connue, et qui touche à d'immenses intérêts, nous exposerons nettement notre opinion, et nous le ferons surtout parce que c'est un devoir de conscience que nous devons accomplir, car il y a là une question d'humanité.

L'exposé des motifs de ce projet de loi est l'œuvre de personnes d'un talent incontestable, puisque ces auteurs sont M. Vuillefroy, président de section au Conseil d'Etat, M. Evariste Bavoux, conseiller d'Etat, rapporteur, et M. de Franqueville, conseiller d'Etat, directeur général des ponts-et-chaussées, etc.

Ce beau travail rappelle d'abord les dévastations occasionnées par le déluge de 1856, — l'élan généreux du Chef de l'Etat, qui s'est rendu spontanément sur le théâtre des désastres pour y porter des consolations, des secours, des espérances, — et les votes successifs, faits par le Corps législatif, pour la *réparation des détériorations survenues à nos voies navigables, à nos routes, aux ponts, aux digues, etc.*, votes qui se sont élevés à plus de 20 millions. Ici, je ne puis me dispenser de l'exprimer, une première observation se présente à mon esprit; je me demande comment on s'est tant empressé de *réparer* les détériorations survenues aux voies navigables, aux routes et aux digues, quand les dommages occasionnés attestaient que les travaux renversés avaient été insuffisans pour résister à la fureur des flots; l'étude de ces dévastations devait, mieux que l'examen des travaux conservés, indiquer ce qu'il convenait de faire à l'avenir, et il y a presque de l'imprévoyance, dirons-nous, à avoir employé 20 millions au moins *à réparer* ce qui avait été renversé, ou à le réédifier, quand on devait se dire qu'un déluge pareil à celui de 1856 renverserait nécessairement de nouveau ces vingt millions de travaux. Les ingénieurs, *en réparant* ces désastres, auraient-ils donné plus de solidité à leurs travaux nouveaux, que rien n'indiquerait encore qu'ils ne seront pas renversés plus tard, car il est possible qu'ils aient à résister à un déluge plus fort que celui de 1856. La *réparation* des détériorations survenues, à notre avis, était une erreur ; il eût été beaucoup plus prudent, beaucoup plus sage de voter les vingt millions pour l'étude et l'exécution des travaux à substituer à ceux renversés, afin qu'on profite des douloureuses expériences du passé et qu'on cherche, comme l'a si bien exprimé l'Empereur : « *La solution* » *du problème si intéressant de la protection* » *du territoire contre l'invasion des eaux.* »

L'exposé des motifs, dont nous nous occupons en ce moment, a parfaitement indiqué « que » l'Empereur, avec son coup d'œil pratique, » avait immédiatement aperçu la distinction à » établir *entre deux ordres d'idées* dans un » ensemble aussi vaste, » c'est-à-dire dans la grande question des inondations, et cette remarque est parfaitement vraie, car l'Empereur a reconnu qu'il y a d'abord, « dans la plupart » des localités, des *travaux secondaires* indi- » qués par la nature des lieux, » et il a en outre, a ajouté l'Empereur : « le *système* » *général à adopter* pour mettre dans l'avenir

» à l'abri de si terribles fléaux nos riches vallées » traversées par de grands fleuves, voilà ce qui » manque encore *et ce qu'il faut absolument et* » IMMÉDIATEMENT TROUVER. »

MM. les auteurs de l'exposé des motifs s'expriment ainsi, après avoir rapporté, comme nous venons de le faire, la pensée de l'Empereur : « Deux grandes catégories de travaux » sont donc nettement déterminées ; c'est de la » première catégorie, c'est-à-dire du projet le » plus simple et le moins dispendieux que vous » êtes aujourd'hui saisis. » A ce sujet, nous devons faire la remarque que ceci s'écarte complétement de la pensée du Chef de l'Etat, car si l'Empereur a parlé des *travaux secondaires*, il a cité aussi le *système général à adopter* pour nous garantir du fléau des inondations, et il a ajouté que c'est *ce qui manque encore et ce qu'il faut absolument* ET IMMÉDIATEMENT TROUVER. Il paraît que personne n'a pesé la force de ces mots *absolument* et *immédiatement* employés par l'Empereur. Il faut *absolument*, a-t-il dit, c'est-à-dire impérieusement, sans partage, sans restriction, faire l'étude du système général à adopter ; il le faut *immédiatement*, c'est-à-dire d'une manière immédiate, sans intervalle ; et cependant, au lieu de s'occuper de l'étude de ce système, ce qui était sage, ce qui était aussi logique que rationnel, on a voulu, avant d'avoir rien étudié, proposer l'exécution de grands et de nombreux travaux. En agissant ainsi, on doit le comprendre, on s'est exposé à faire des dépenses inutiles, des travaux à démolir, car, s'il résulte, après les études terminées, l'adoption d'un système général en opposition avec les travaux exécutés, ces mêmes travaux deviendraient inutiles et seraient sans doute à supprimer. Si, comme le Chef de l'Etat l'avait déterminé, on s'était occupé *absolument et immédiatement* de l'étude et de l'adoption d'un système général pour mettre dans l'avenir nos vallées à l'abri du terrible fléau des inondations, on n'aurait pas été exposé à dépenser tant de millions en pure perte, car les dépenses n'auraient alors été proposées que pour réaliser un projet étudié et adopté.

L'Empereur, dans sa lettre au ministre des travaux publics, a parfaitement défini les deux grandes catégories de travaux : 1° Les *travaux ordinaires*, ou *les ouvrages d'art qui préservent*

MOMENTANÉMENT *d'inondations*, et 2° *le système général à adopter pour mettre nos vallées* A L'ABRI *du terrible fléau des inondations*. Ces deux grandes catégories dessinent nettement les deux systèmes en présence : *les travaux défensifs*, qui préservent momentanément des inondations, et les *travaux préventifs*, qui mettent à l'abri du fléau des inondations. L'empereur avait ordonné d'étudier et de trouver *absolument et immédiatement* le système préventif, qui devait mettre à l'abri du fléau, et, au lieu d'exécuter cet ordre, on s'est occupé, comme par le passé, du système défensif, qui ne fera que préserver momentanément certains points. Nous considérons cette marche comme déplorable.

Dans l'Exposé des motifs que nous examinons on a avancé avec raison, que « l'Empereur, » avec son coup d'œil pratique, avait immé- » diatement aperçu la distinction à établir entre » deux ordres d'idées dans un ensemble aussi » vaste, » et nous venons de démontrer que ces deux ordres d'idées sont le *système des travaux défnsifs* et le *système des travaux préventifs*. Au lieu de s'occuper de ces deux ordres d'idées, en application, qu'a-t-on fait ? on a négligé de se livrer aux études commandées, et, se laissant aller aux inspirations, ou aux erreurs du passé, on s'est simplement occupé de *travaux défensifs*, et l'on a conçu l'idée assez originale de les diviser en deux ordres, les travaux *des inondations urbaines* et les travaux *des inondations rurales*, comme si les causes et les effets n'étaient pas les mêmes quand le fléau s'attaque soit aux villes, soit aux campagnes, comme s'il pouvait être juste de préserver certains points du fléau, en négligeant, avec intention, de préserver les autres points.

Les inondations rurales, l'Exposé des motifs le reconnaît « embrassent des proportions » beaucoup plus vastes, » on ne s'est donc occupé que de la partie la moins étendue des inondations en bornant les travaux à ce qui concerne les villes.

Les inondations urbaines, dit l'Exposé des motifs : « s'attaquent aux habitants qu'elles » viennent surprendre dans leur demeure, aux » habitations mêmes que souvent elles détruisent ; » mais le danger n'est pas moins grand pour les inondations rurales, car là aussi elles s'attaquent aux habitants, qu'elles viennent surprendre dans leur demeure ; au bétail, qu'elles surprennent dans les étables ; aux récoltes sur pied, qu'elles dévastent, et aux champs eux-mêmes, qui sont parfois rendus incultes pour de nombreuses années. Par ce que nous venons de dire, on remarquera que nous ne pouvons partager l'avis que les inondations urbaines sont plus dangereuses et méritent plus l'intervention prompte du gouvernement que les inondations rurales.

A notre avis, les deux désastres n'en font qu'un, ils sont inséparables, et nous ne pouvons même nous expliquer comment on a pu supposer que les inondations urbaines « sont plus » accessibles à l'action protectrice du gouver- » nement, » puisqu'on ne peut retrancher les villes du champ des inondations sans accroître les désastres des inondations rurales.

Nous comprenons qu'on puisse proposer d'exécuter pour 31 millions de travaux pour chercher à garantir certains points des inondations, mais nous ne le comprenons qu'avec la réserve positive que ces travaux n'augmenteront pas les dangers pour les localités voisines, et, dans le projet de loi présenté, on cherche à garantir momentanément les villes, sans rien faire pour la défense des campagnes; au contraire, en défendant les villes par des remparts, *c'est établir des obstacles à l'écoulement des eaux et c'est restreindre d'une manière nuisible le champ des inondations*, ce qui est contraire à l'esprit et à la lettre de la loi présentée, car les campagnes auront alors droit à « une indemnité de dommage, qui sera réglée » conformément aux dispositions du titre XI » de la loi du 16 septembre 1807. » On voit par ce que nous venons de dire combien on s'est mépris en supposant qu'on pouvait fractionner les inondations en deux ordres : les inondations urbaines et les inondations rurales. En ne s'occupant que des villes en ce moment, on a ajourné la partie sérieuse de l'étude et des travaux, et l'on sera fort embarrassé, nous le déclarons aujourd'hui, quand on arrivera à s'occuper des inondations rurales, car il faudra alors reconnaître que la plupart des travaux qu'on ordonne en ce moment devront être démolis.

On a réservé *formellement* la partie rurale, en déclarant que cette partie pouvait être *détachée sans inconvénients*, et c'est là une erreur palpable, car le projet présenté, par lequel on veut garantir les villes, *compromet et engage* la partie rurale. Si l'on admet, pour les villes, qu'il faut opposer de fortes digues au torrent, qu'il faut les séparer de l'inondation par des remparts, c'est dire que, plus tard, quand on s'occupera des parties rurales, pour les garantir de l'inondation, on devra là aussi opposer de fortes digues au torrent ; et comme les villes sont cernées de toutes parts par les campagnes, nous demanderons, alors que les campagnes seront défendues contre les inondations, à quoi serviront les remparts élevés pour défendre les villes ? ces travaux, édifiés à grands frais, seront alors complétement inutiles, car si les *campagnes, qui cernent les villes*, *sont un jour garanties par les digues*, les villes n'auront plus à redouter les inondations et les 31 millions de travaux demandés par la loi dont nous nous occupons seront alors complétement inutiles. Il est donc positif qu'on ne devait pas adopter un système de travaux pour les villes sans avoir préalablement prononcé sur le système de défense à adopter pour les campagnes.

On a cherché à éviter la plus grave des difficultés en s'occupant d'en dominer une qui n'était que secondaire, et en cela on s'est trompé. Le premier point à traiter était l'étude du système général à adopter ; il fallait prononcer si l'on aurait recours à des *travaux préventifs*, ou à des *travaux défensifs*, et, au lieu de passer deux années à rédiger des projets pour défendre momentanément les villes, le temps eût été plus utilement employé en études sur le système à adopter. L'étude des faits généraux, quand il s'agit d'intérêts aussi graves, ne pouvait être ajournée, et comme l'avait ordonné l'Empereur, il fallait s'en occuper *absolument et immédiatement*.

Si, dédaignant les terribles exemples du passé, on voulait persister à vouloir des *travaux défensifs*, il y avait à prononcer entre les digues insubmersibles et le système des digues transversales, c'est-à-dire entre l'envoi *le plus prompt* de nos engrais et de nos limons fécondans à la mer, ou leur conservation dans nos vallées, en enfouissant, à chaque inondation, une nouvelle couche de bonne terre végétale, car tels sont les résultats positifs des *digues latérales aux fleuves* et des *digues transversales dans les vallées.* Les résultats incontestables de ces deux moyens sont, ou de jeter nos trésors à la mer, ou de les enfouir dans les vallées par le colmatage érigé en système ! Enfin, il y avait aussi à prononcer sur le système *d'emmagasinement des eaux*, qui conduirait à enlever d'immenses terrains à l'agriculture, pour les transformer en des marais infects au moment de l'assèchement de ces grands réservoirs. A mon avis, on aurait dû prononcer sur l'adoption ou le rejet de ces systèmes en présence en moins de deux années, et dès lors on n'aurait plus été exposé à exécuter, en pure perte, pour 31 millions de travaux !...

Au § 2 de l'Exposé des motifs, on dit que l'administration « a engagé de *sérieuses études* » *sur le vaste ensemble des travaux protec-* » *teurs*; » mais, s'il en est ainsi, pourquoi n'a-t-on pas prononcé d'abord au sujet des études de l'ensemble du système ?

On ajoute ensuite « que l'administration

» présente aujourd'hui les études qui ont *paru* » *aboutir à une formule.* » C'est ce qui est avancé, mais ce qui n'est démontré nulle part; aucune formule nouvelle n'a été produite, car, les travaux proposés, pour défendre momentanément les villes, prouvent qu'on s'est contenté de rester fidèle aux traditions du passé : on a continué à opposer des barrières au torrent, qui résisteront jusqu'au moment où ces barrières seront renversées, et rien de plus.

L'administration avoue qu'à Lyon, en 1856, « 1,200 maisons ont été partiellement ou » complétement détruites. » Ce désastre est immense sans doute, mais, qu'on lui compare l'état des récoltes détruites, des champs dévastés, des villages ruinés, et l'on verra alors quelle est la partie la plus sombre du tableau du sinistre déluge de 1856.

L'Exposé des motifs se termine par cette phrase : « En France, les populations, vivement » émues par les désastres qui viennent les » atteindre, sont promptes à oublier le péril, » dès qu'il s'est éloigné. C'est au Gouvernement » *à veiller pour elles et à conjurer les maux* » *dont le retour, dans l'avenir, n'est que trop*

» *annoncé par l'expérience du passé.* » Oui, c'est au Gouvernement à veiller et à conjurer le mal, mais il n'y parviendra pas en ordonnant d'élever des *remparts* que le torrent dévastateur renversera tôt ou tard ; il n'y parviendra qu'en remplaçant ces travaux d'art, aussi ruineux que dangereux, par un système d'agriculture, qui peut doubler et décupler parfois les produits du sol, en employant utilement les eaux en fécondes irrigations, au lieu de les laisser s'agglomérer, sans aucun résultat utile, pour former des torrents dévastateurs. Par le système de digues, qu'on persiste à employer, on ne peut conjurer le mal, et l'on rendra quelque jour, sans nul doute, les dangers plus imminents et les désastres plus étendus.

Il résulte de l'Exposé des motifs que nous examinons que « sur un grand nombre de » points, les désastres de 1856 ont été causés » par des ouvrages établis dans les vallées sub- » mersibles, » et le même travail ajoute « que » cette vérité a été constatée dans un rapport » du Ministre des travaux publics à l'Empe- » reur. » Dès qu'il en est ainsi, et dès que le Ministre a attesté lui-même ce fait, en s'adressant au Chef de l'Etat, nous comprenons que, par l'article 6 de la loi sur les travaux de défense contre les inondations, on ait réservé à l'administration le *droit d'interdire l'établissement de digues dans les parties submersibles des vallées*, et que l'article 7 ait prononcé que « *toute digue établie dans les vallées qui sera reconnue faire* OBSTACLE A L'ÉCOULEMENT DES EAUX OU RESTREINDRE *d'une manière nuisible* LE CHAMP DES INONDATIONS; *pourra être déplacée ou supprimée par ordre de l'administration;* » mais, ce que nous ne pouvons comprendre, c'est qu'en même temps l'administration, par la même loi, ait proposé de construire pour 31 millions de digues qui seront établies dans *les parties submersibles des vallées*, et qui auront pour effet d'*établir des obstacles à l'écoulement des eaux et de restreindre d'une manière nuisible le champ des inondations*, toutes choses interdites par les articles 6 et 7 de cette loi!....

Quoiqu'il en soit, il résulte, de cette loi présentée, que l'administration a été armée de nouveaux et utiles moyens d'exécution, en lui accordant *la faculté d'interdire la construction et d'ordonner la destruction*, moyennant indemnité, des travaux nuisibles au système général d'écoulement des eaux ; il résulte de ce droit nouveau qui a été accordé que l'administration sera d'autant plus disposée à accueillir et à protéger les travaux qui, en mettant un terme au fléau des inondations, conduiraient à *retenir les eaux dans l'intérêt de l'agriculture*. Nous pensons comme Senèque, au sujet du pouvoir nouveau donné à l'administration : « plus on a d'autorité, plus on doit montrer de » modération et de prudence; » c'est dire que l'administration emploiera le pouvoir qui lui est donné pour favoriser les intérêts de tous, ou de la propriété en général, plutôt que pour satisfaire l'intérêt de quelques-uns. Sous les gouvernements justes, les intérêts généraux de l'agriculture l'emportent toujours sur les intérêts privés, ou sur les intérêts de quelques-uns.

XVI.

Le 4 mai 1858, le Corps Législatif a discuté et adopté, à l'unanimité de 237 votants, le projet de loi relatif aux travaux de défense contre les inondations, projet qui avait été modifié d'accord par la Commission et le conseil d'Etat.

MM. Vuillefroy, président de section, É. Bavoux et de Franqueville, conseillers d'Etat, siégeaient au banc de MM. les Commissaires du Gouvernement.

M. le colonel *Reguis* a pris le premier la parole. L'honorable député a demandé des explications au sujet du *projet annoncé pour l'année prochaine et qui a pour objet* DE PROTÉGER LES VALLÉES CONTRE LES INONDATIONS.

M. le Colonel s'est occupé des travaux dont les plans se préparaient, et selon l'honorable orateur ils auront des conséquences désastreuses pour certaines parties du territoire. Il s'occupe surtout de la Durance, comme étant la rivière *au cours le plus rapide qu'il y ait au monde*, car sa pente moyenne serait de 3 millimètres par mètre. Elle débite en hiver jusqu'à 10,000 mètres cubes par seconde, aussi la voit-on *détruire les récoltes et emporter les terrains*. Les communes se sont émues de cette situation et elles ont résolu de faire de grands travaux défensifs, et ceux projetés, pour la seule commune de Valensole, s'élevaient à 270,000 fr., fardeau beaucoup trop lourd pour une pauvre commune de 2 à 3,000 âmes, aussi jusqu'à ce jour rien n'a-t-il été exécuté.

M. le colonel *Reguis* fait connaître que le Gouvernement se propose « d'établir quatre » ou cinq barrages dans la vallée de la Durance, » un notamment à Sisteron, lequel serait » adossé au pont qui réunit la ville et le fau» bourg. *Ce barrage doit avoir* 30 *mètres* » *d'élévation*. Or la rivière ayant 3 millimètres » de pente par mètre, il s'ensuit que l'*inon*» *dation s'étendra jusqu'à* 10 *kilomètres au*» *dessus du barrage, et dans toute la largeur* » *de la vallée. Cette vallée est couverte de* » *prairies, de jardins et d'habitations. Que* » *deviendront toutes ces propriétés*, dit M. le » colonel *Reguis*, *lorsqu'elles seront exposées* » *à être inondées deux fois par an, à la fonte* » *des neiges et aux grandes pluies d'automne?* » Il faudra indemniser les propriétaires, dépense » énorme. Mais ensuite, *que deviendront les* » *habitants, lorsque leur vallée sera convertie* » *en un lac ou couverte de gravier?* » M. le colonel *Reguis* se prononce donc contre l'emploi des *barrages*, et il ajoute avec raison « que les » barrages ne peuvent être utiles que lorsqu'on » les fait sur de faibles cours d'eaux, *à la nais-* » *sance des torrents et des rivières, dans les* » *gorges étroites.* »

L'opinion émise par M. le colonel *Reguis* aurait dû éclairer le Corps législatif, et cependant on n'en a pas tenu compte.

M. *Vuillefroy*, Commissaire du Gouvernement, a pris la parole pour répondre à M. le colonel *Reguis*, et il a commencé par déclarer que l'Empereur, après les inondations désastreuses de 1856, et désireux d'en *prévenir le retour*, a donné à l'administration la double mission d'*étudier les questions relatives à la défense des villes et des territoires*, ce qui est inexact, car Sa Majesté, dans sa lettre au Ministre des travaux publics, a classé les travaux en deux catégories : ceux qui *défendent momentanément* contre l'invasion des eaux, c'est-à-dire les digues, etc., et ceux qui *mettent à l'abri du fléau* des inondations, ou les travaux préventifs, et l'Empereur a demandé positivement qu'on s'occupe *absolument et immédiatement* de l'étude de ces derniers travaux.

Tels sont les faits qu'on a cherché à dénaturer, et MM. les ingénieurs, au lieu de suivre les ordres du Chef de l'État, se sont occupés seulement de *la défense de quelques villes*, et cela, au moyen de remparts ou de digues.

M. *Vuillefroy* a déclaré qu'il lui était impossible de suivre l'honorable colonel *Reguis* sur le terrain qu'il avait choisi, et dès lors son opinion émise est restée intacte et sans réponse de la part du Gouvernement.

M. *Vuillefroy* s'est ensuite exprimé en ces termes : « Voici, en effet, quelle est la situa-
» tion : *les études relatives à la défense des*
» *villes étaient les plus faciles*; le moyen *natu-*
» *rellement indiqué* consiste dans les endigue-
» ments, et tel est l'objet des études qui sont
» annexées au projet de loi. Quant à la *pré-*
» *servation des territoires*, *les études sont*
» *beaucoup plus vastes*. Il y a là, non-seulement
» une question de *dépenses*, mais aussi des
» *questions de systèmes très-graves et très-*
» *délicates*. Des services spéciaux ont été
» constitués dans les différentes vallées et les
» études se poursuivent. Mais le Gouvernement
» n'est pas encore *en mesure d'en apprécier les*

» *résultats*. On ne peut donc dès aujourd'hui » *discuter ce qu'il serait possible ou impossible* » *de faire*. D'ailleurs, outre la question de » système, il y a là *une question de dépense*. » Les dépenses peuvent être très-considérables; » la question de système, même lorsqu'elle » sera résolue, *restera donc subordonnée à* » *celle des possibilités financières*. L'une et » l'autre doivent être complétement réservées. »

Ces déclarations de M. le Commissaire du Gouvernement sont nettes et franches, il avoue que les *études relatives à la défense des villes étaient les plus faciles*, et que le moyen, *naturellement indiqué*, CONSISTAIT DANS LES ENDIGUEMENTS; c'est dire que l'administration ne s'est pas livré aux sérieuses études recommandées par l'Empereur; c'est dire qu'on s'est borné à faire, comme par le passé, des projets de digues, qui se sont élevés à 31 millions, sans s'inquiéter de savoir si ces travaux n'opposeraient pas des obstacles à l'écoulement des eaux et ne restreindraient pas d'une manière nuisible le champ des inondations. On a proposé des digues, parce que *les digues étaient naturellement indiquées*; les projets présentés ne sont donc pas le résultat d'études sérieuses, de méditations profondes, et cependant la fortune et la vie d'une masse de citoyens peuvent dépendre des travaux qu'on propose d'exécuter; enfin ce qui frappe davantage et ce qui a lieu de surprendre, c'est que le chef de l'Etat avait ordonné des études sérieuses à faire *absolument et immédiatement*, et que les ingénieurs se sont contenté, sans études, de proposer l'établissement de 31 millions de digues, parce qu'elles sont *naturellement indiquées!*..... Quant à la préservation des territoires, ou des parties rurales, on avoue *que les études sont beaucoup plus vastes*, et l'on ajoute qu'il y a là non seulement *une question de dépenses*, mais aussi *des questions de systèmes très-graves et très-délicates.* Dès qu'on reconnaît que ces questions sont graves et délicates, nous demandons pourquoi on ne s'en est pas occupé d'abord et avant tout? Nous demandons en outre pourquoi, sans savoir si le système des digues sera conservé ou abandonné; on propose l'établissement de 31 millions de digues! M. le Commissaire avoue plus loin *que le Gouvernement n'est pas encore en mesure d'apprécier les résultats des études qui se font*, et c'est démontrer combien nous avons raison d'adresser à l'administration le reproche d'avoir proposé l'établissement d'une masse de travaux avant de savoir si ces travaux seront nuisibles ou utiles, d'avoir proposé de construire 31 millions de remparts, qui opposeront peut-être une résistance *d'un jour* à la fureur des flots, et qui, dans ce cas, assureront la destruction des villes qu'on a voulu défendre. Nous verrons bientôt que ces craintes sont fondées sur la pensée exprimée, dans la même séance du Corps législatif, par M. le Directeur général des ponts et chaussées.

Outre la question de système, a ajouté M. *Vuillefroy*, il y a une question de dépense, et il termine ainsi : « Les dépenses peuvent être » très-considérables ; la question de système, » même lorsqu'elle sera résolue, *restera donc* » *subordonnée à celle des possibilités finan-* » *cières*. » Ainsi, il résulte de la déclaration de M. le Commissaire du Gouvernement que quand la question de *système* aura été étudiée et qu'elle sera résolue, la réalisation des travaux sera subordonnée aux *possibilités financières*, et si la situation financière était pénible, ou si le système adopté était trop coûteux, c'est avouer qu'on serait contraint de ne rien faire; ou de ne traiter les travaux, en raison des ressources disponibles, qu'avec une lenteur désespérante, qui serait l'équivalent de l'abandon de la défense des vallées ou des parties rurales, quand, pour les villes, on s'est hâté de demander l'emploi de 31 millions en constructions de digues, sans même avoir pris le temps, pendant deux ans entiers, d'étudier quel est le système à adopter pour leur défense.

Tout ce que nous venons de dire résulte des déclarations faites par M. le Commissaire du Gouvernement.

M. le colonel *Reguis*, auquel M. le Commissaire du Gouvernement n'avait pas répondu, a fait observer qu'il a voulu seulement exprimer des craintes que certains plans ont éveillées dans son pays. On projette des *barrages*; or, dans l'opinion de l'honorable membre, les *barrages amèneraient de grands désastres dans la vallée de la Durance.* Ce *système* lui paraît radicalement mauvais. Il sait, a-t-il dit, que le projet de loi relatif à la défense des territoires, ne sera présenté au Corps législatif que l'année suivante. Il se réserve de le discuter à cette époque. Aujourd'hui, il n'a voulu faire qu'une chose, appeler l'attention du *Gouvernement sur un système qu'il regarde comme dangereux.*

M. *Vuillefroy*, Commissaire du Gouvernement, reconnaît ensuite que les observations qui viennent d'être présentées *méritent d'être prises en grande considération*, et il ajoute qu'elles ne seront pas négligées par l'administration et que si les projets qui lui seront soumis, par suite des études faites, devaient présenter les INCONVÉNIENTS *signalés*, *il est* PROBABLE *que le Gouvernement ne les admettrait pas.*

M. *Louvet*, Rapporteur de la Commission, déclare que la *Commission n'a ni préconisé ni blâmé le système des barrages.* Elle a aussi énoncé, *sans éloge ni blâme*, *le système des réservoirs.* M. le Rapporteur ajoute que lorsque *les études seront terminées*, DANS UN AN OU DEUX, *le plus tôt possible*, cette discussion pourra être utilement soulevée à l'occasion du projet *destiné à la défense des vallées; elle serait intempestive* en ce moment.

Quand il s'agit d'une question aussi grave, au lieu de penser qu'une discussion serait intempestive, il me semble, au contraire, qu'on devrait la rechercher comme très-opportune. Pourquoi donc vouloir laisser achever de coûteuses et longues études, au lieu de chercher à s'éclairer immédiatement par une discussion sérieuse? Déjà deux années entières avaient été consacrées à cette étude, la Commission annonçait qu'on y travaillerait encore deux ans, ce qui conduirait à laisser écouler quatre années entières avant d'ouvrir la discussion sur les systèmes à employer, et si, à l'expiration de ces quatre années, le système, adopté par l'administration, était reconnu mauvais, *on aurait perdu quatre ans et toutes les dépenses de ces quatre années*, et l'on n'aurait encore rien fait pour garantir les vallées du fléau des inondations!

M. *Guillaumin* a rappelé l'empressement et la noble initiative de l'Empereur au moment des inondations, et il a avancé qu'il a tracé de main de maître *le système général des travaux à exécuter pour* PRÉVENIR *le retour des inondations*, et ces seuls mots indiquent que l'honorable M. *Guillaumin* a trouvé, comme nous, dans la lettre de l'Empereur, qu'il est dans sa pensée que les *travaux préventifs* peuvent seuls empêcher le retour des inondations.

L'honorable député donne lecture du passage suivant de la lettre dont il vient de parler : « Après avoir examiné avec vous les ravages causés par les inondations, ma première préoccupation a été *de chercher les moyens de* PRÉVENIR *de semblables désastres*. Rien de plus aisé que d'élever des ouvrages d'art qui préservent *momentanément* les grandes villes d'inondations pareilles. Mais, quant au système général à adopter pour mettre à l'abri de si terribles fléaux nos riches vallées traversées par de grands fleuves, *voilà ce qui manque encore et ce qu'il faut* ABSOLUMENT ET IMMÉDIATEMENT *trouver.* » L'orateur dit qu'il espérait trouver dans le projet de loi *l'exécution du programme tracé par la main de l'Empereur*, et qu'il a éprouvé UN ÉTONNEMENT PÉNIBLE en lisant dans l'article 1er qu'il ne s'agissait de mettre à *l'abri des inondations que les villes seulement.* C'est pour combler cette lacune que, croyant se conformer ainsi à la pensée de ceux qui l'avaient nommé membre de la Commission, il a proposé, par amendement, d'ajouter les mots : *et les campagnes*. Cet amendement n'a pas été accueilli par la Commission.

Dans l'opinion de l'honorable membre, la loi, telle qu'elle est rédigée, peut avoir *l'inconvénient de répandre des inquiétudes dans le pays*. On peut craindre que les moyens à employer pour la défense des villes, *n'aggravent encore pour les vallées le danger de l'inondation*, et que, comme il est dit dans la lettre citée tout à l'heure, là où sera élevée *une digue, ce moyen, qui est un simple palliatif, ne fasse que rejeter l'eau sur le voisin*. L'orateur aurait donc préféré, même *au prix d'un ajournement à l'année prochaine*, qu'il ne fût présenté *que des mesures d'ensemble*. Il aurait voulu que les travaux de défense des villes fussent combinés avec les travaux de la défense des vallées; de telle sorte, que les uns ne puissent pas avoir pour effet de nuire aux autres, comme cela n'est que trop souvent arrivé.

L'orateur, après avoir remercié la Commission de s'être associée, ainsi que le déclare le rapport, à la pensée qui lui avait inspiré son amendement, rappelle les deux motifs sur lesquels se fonde ce rapport pour le repousser. Le premier motif est tiré de *la nécessité d'études approfondies pour la défense des vallées*. Le second est fondé sur des considérations financières. L'honorable membre ne méconnaît pas ce qu'il y a de sérieux dans le premier de ces deux arguments; mais c'est pour lui un motif de plus de désirer *une mesure d'ensemble*.

Quant à l'objection tirée des nécessités financières, l'orateur ne veut pas croire qu'elle puisse couvrir l'arrière pensée de *délaisser les campagnes après que les villes auront été sauvegardées*. Il ne craint pas *que les campagnes soient oubliées*; il connaît à cet égard les intentions généreuses et bienfaisantes de l'Empereur; les considérations financières ne sauraient, selon lui, être un obstacle lorsqu'il s'agit de pareils intérêts. N'est-on pas assuré, d'ailleurs, du *concours des propriétaires menacés?* L'honorable membre ne se dissimule pas cependant que l'impression générale causée par la loi sera pénible; est-ce, *de la part des campagnes, un sentiment de jalousie?* est-ce la crainte d'être oubliées lorsqu'on aura *pourvu à la sûreté des villes?* L'orateur ne saurait le dire; mais il persiste à croire qu'il aurait mieux valu présenter des *mesures d'ensemble.*

M. *Vuillefroy*, Commissaire du Gouvernement, pense que le projet de loi présenté ne pourra faire naître un fâcheux antagonisme entre les villes et les campagnes.

Il ajoute qu'il ne serait pas exact de dire que le projet actuel ne s'est occupé que des *habitants des villes et n'a pas entendu protéger les habitants des campagnes.* Ce que l'on veut défendre, ce ne sont pas, à vrai dire, les villes, mais les centres de population. Le véritable caractère de la loi, c'est la défense des populations; toute la question est de savoir si, parce que l'on n'est pas encore *tout-à-fait prêt pour la défense des territoires*, on doit renoncer à *protéger les personnes.* M. le Commissaire ajoute qu'en présence de la nécessité d'*études préalables* et des exigences du budget, il faut se contenter de commencer *par le plus pressé* et n'avancer qu'au fur et à mesure du possible.

M. le colonel *Reguis* reconnaît que la question concernant la défense des campagnes contre les eaux ne pourrait pas recevoir actuellement de *solution.* Il accepte la déclaration qui vient d'être faite, au nom du Gouvernement, que l'on prendra en grande considération la situation des habitants des contrées où l'on voudrait faire de grands barrages.

L'honorable membre se réserve de discuter d'une manière plus approfondie, le second projet de loi, lorsqu'il sera présenté, et il se borne en ce moment à répéter que c'est là une question de la plus haute gravité.

M. *Guillaumin* déclare qu'il n'a nullement songé à un antagonisme entre les villes et les campagnes. Entre les unes et les autres il y a des rapports nécessaires. Les campagnes ont besoin des villes et réciproquement. Quant à l'intérêt que les campagnes ont à la présentation d'un projet sur les inondations, l'orateur se borne à rappeler que l'agriculture produit 9 *milliards de valeurs* par an, et que, soit par l'intelligence, soit par les bras, soit par les capitaux, 25 *millions de Français participent aux travaux agricoles*. L'orateur ajoute que la présentation du projet en délibération est l'accomplissement du vœu d'une noble initiative. Seulement *la pensée lui paraît avoir été mal traduite.* On s'est borné à présenter le *chapitre* 1er *d'une loi qui devait en comprendre deux ; c'est l'absence du second chapitre que regrette l'orateur.*

La partie de la discussion que nous venons de rapporter, d'après le *Moniteur universel*, démontre que mon opinion est en parfaite harmonie avec celle exprimée par MM. les Députés qui ont pris la parole au Corps législatif.

M. *Millet* ne combat pas en principe le projet de loi ; seulement il croit y voir l'introduction d'un droit nouveau et qui mérite de fixer l'attention de la Chambre. Le projet s'est inspiré de la loi du 16 septembre 1807 ; mais l'honorable membre remarque qu'on s'est écarté de cette loi en un point essentiel, qui est la contribution à la dépense *dans la proportion des intérêts*. L'article 33 de la loi de 1807, auquel se rapporte l'article 5 du projet, porte que les dépenses seront supportées dans *la proportion de l'intérêt que les propriétaires auront aux travaux*. Telle est la règle. L'orateur ne retrouve pas ce principe dans l'article 1er du projet de loi, et il y signale, au contraire, un principe tout autre.

Le département forme un être moral qui est susceptible de posséder à titre privé. Il en est de même de la commune. S'il s'agissait seulement de les faire contribuer dans la proportion de leur intérêt de propriétaires, l'honorable membre n'aurait pas d'objection à faire. Mais d'après le projet, le département et la commune sont appelés, *comme êtres moraux, à contribuer à des travaux auxquels ils n'auront aucun intérêt comme propriétaires*. Le département entier contribuera aux dépenses par des *centimes obligatoires*, et il y contribuera dans une mesure qui ne sera pas en proportion avec les propriétés qu'il aura dans la localité qu'il s'agira de préserver.

Déjà les départements *sont obérés*, et leur situation, selon l'orateur, sera encore aggravée par le projet de loi. Il s'occupe spécialement des bassins du Rhône et des départements qui forment cette contrée. Dans le département de Vaucluse, qu'il représente, il n'y aura que trois centres de population à préserver. Tout le reste sera à l'abri. Si l'on fait contribuer le département de Vaucluse comme un être moral, *on appellera à prendre part aux travaux de défense un nombre considérable d'habitants qui sont sans intérêt dans la question.*

Quant aux communes, l'orateur soutient que le résultat sera plus grave encore. Le projet actuel ne se propose de protéger que les centres de population. Cependant *les propriétaires ruraux paieront une part de la dépense.* Ils concourront à payer *des travaux qui leur sont étrangers et qui même pourront leur être nuisibles.* Les habitants des campagnes *contribueront trois fois à la dépense*; d'abord, comme membres de la grande famille française, par le paiement de l'impôt demandé à tous les citoyens; puis, comme habitants du département; puis, comme habitants de la commune. Tel devant être le résultat du projet, l'orateur pense que le Gouvernement devra mettre tous ses soins à restreindre autant que possible la part de dépense à faire supporter aux départements et aux communes.

L'honorable membre voudrait aussi que

l'on indiquât à la charge de qui seraient l'*entretien et la réparation des travaux à faire.*

M. *Vuillefroy*, président de section au Conseil d'Etat, répond à M. Millet, et il reconnaît qu'il y a en effet des dispositions nouvelles dans le projet de loi, et il ajoute qu'elles ont été jugées nécessaires en face de la situation nouvelle et très-grave qui s'est révélée en 1856.

L'orateur rappelle qu'au budget un fonds est inscrit pour fournir des subventions aux propriétaires pour les endiguements ; seulement, dit M. *Vuillefroy*, le projet actuel change les rôles. Ce sera, à l'avenir, l'Etat qui sera chargé des travaux. Il était nécessaire que l'Etat en fût chargé; car, de cette manière, *une vue d'ensemble présidera aux dépenses.* L'orateur ajoute : Lorsque l'Etát fait des dépenses considérables pour exécuter des travaux si utiles aux populations, il est de toute justice que les départements et les communes supportent aussi leur part dans les frais de ces travaux. Enfin M. *Vuillefroy* déclare que si un décret devait fixer la dépense à supporter par une commune ou par un département, l'administration procéderait toujours avec réserve et prendrait en grande considération la situation financière qu'il s'agirait d'aggraver.

Quant à l'entretien et à la réparation des travaux, M. le Commissaire du Gouvernement déclare qu'ils seront à la charge de l'Etat, avec le concours des départements, des communes et des propriétaires.

La clôture de la discussion générale ayant été prononcée, le Corps Législatif a passé à la délibération sur les articles du projet de loi.

M. *Millet* a la parole sur l'article 6. Il aurait désiré que le droit nouveau que cet article introduit eût été réglementé. Du reste, les dispositions de l'article lui paraissent sages; car, dans son opinion, *la fréquence des inondations et les désastres qui en sont la suite sont dus à la multiplicité des digues construites dans ces derniers temps, non-seulement par les particuliers, mais aussi par le Gouvernement.* Dans les temps anciens, le pays n'était certainement pas à l'abri des inondations; l'orateur ajoute qu'il y en a même *qui ont atteint le niveau de celle de* 1856, mais ces inondations *étaient moins fréquentes et surtout moins désas-*

treuses. C'est que les digues étaient moins multipliées ; les lits des *fleuves étaient aussi moins obstrués* qu'aujourd'hui. Dans les crues, les eaux ne rencontrant pas d'obstacles, *s'étendaient naturellement* à droite et à gauche, et, au lieu de ravager les champs, *y déposaient un limon qui les fertilisaient ;* tandis qu'avec des digues nombreuses, construites parallèlement au cours des eaux, le lit *des rivières se trouve rétréci ;* quand les digues viennent à être emportées, *l'irruption des eaux se fait avec violence, et il en résulte des désastres immenses*.

L'honorable membre approuve donc les dispositions de l'article 6 ; mais, dans une matière, aussi épineuse que celle qui est relative aux cours d'eaux et qui donne lieu à tant de difficultés, il aurait désiré que le Gouvernement saisît l'occasion du projet de loi pour fixer les règles en ce qui concerne la juridiction, afin qu'on sache, quand des difficultés s'élèvent, à qui il faut s'adresser ; aux conseils de préfecture, aux tribunaux ou au Ministre des travaux publics. M. *Millet* désirerait également savoir quel sera le résultat de la déclaration à faire pour élever une digue, quels délais seront accordés, quelle sera la voie de recours en cette matière?

L'orateur ajoute que le deuxième paragraphe de l'article 6 *arme l'administration d'un droit dont elle ne fera jamais usage;* car il ne peut y avoir d'inconvénients à ce que *dans une vallée déjà protégée par une digue, les terrains submersibles, situés en aval, soient mis encore plus à l'abri par une digue nouvelle.* Il demande enfin où seront déposés les plans indiquant les surfaces qui devront être considérées comme submersibles, afin d'épargner des déplacements à ceux qui voudraient en prendre connaissance.

M. de *Franqueville*, Commissaire du Gouvernement et Directeur général des ponts et chaussées, s'attache à prouver l'utilité des dispositions de l'article 6, et il ajoute que l'établissement des digues au bord des rivières a sur le régime des eaux une grande influence. Il avoue que, *dans les débordements, les digues élèvent le niveau des eaux, précipitent leur cours et peuvent, par cela seul*, CAUSER D'IMMENSES MALHEURS.

Cet aveu, de M. le Directeur général des ponts et chaussées, nous conduit naturellement à demander comment, en présence de faits si bien sentis, de dangers si réels, l'administration a pu proposer d'établir un système complet d'immenses digues dans la vue de défendre les villes? car, suivant les expressions de M. de *Franqueville*, ces digues *élèveront le niveau des eaux, elles précipiteront leur cours, et pourront, par cela seul,* CAUSER D'IMMENSES MALHEURS. Telles seront les conséquences fatales des digues proposées pour la défense des villes!

M. de *Franqueville* reconnaît que, par une circonstance providentielle, *le cours de la Saône est très-lent*, que les eaux se répandent, au-dessus de Lyon, *dans d'immenses plaines*, et que le maximum des crues ne se fait d'ordinaire sentir à Lyon que plusieurs jours après celles du Rhône. Si les propriétaires riverains de la Saône, ajoute M. de *Franqueville*, par *l'établissement de digues insubmersibles, venaient à rendre plus rapide le cours de cette rivière*, ses eaux arriveraient plus tôt à Lyon; leur plus grande élévation coïnciderait avec celle du Rhône, et il en pourrait résulter *des dommàges incalculables*. A Paris, les crues d'eau sont rarement d'une élévation extraordinaire, parce qu'au-dessus de Montereau il existe, dans la vallée de la Seine, des plaines étendues où les eaux refluent dans les débordements, et viennent pour ainsi dire s'emmagasiner, diminuant ainsi d'une manière notable la masse et la violence du courant. C'est grâce à ces retenues naturelles que les crues de l'Yonne et de la Seine n'arrivent pas ensemble à leur confluent. *Des endiguements imprudents*, en modifiant cet état de choses, pourraient causer de *grands malheurs*. M. le Commissaire du Gouvernement pense pouvoir conclure de là que la réglementation du droit d'endiguement dans les vallées n'est pas, à proprement parler, une servitude, mais, au contraire, une protection pour la propriété considérée dans son ensemble. En effet un propriétaire ne peut se débarrasser des eaux, par une digue, sans aggraver la situation des propriétaires des fonds supérieurs ou des fonds inférieurs, c'est donc une mesure protectrice que celle qui s'oppose à ce que, désormais, il en puisse être ainsi.

Il résulte de ce qui a été avancé par M. le Directeur général des ponts et chaussées que si les propriétaires riverains de la Saône établissaient des *digues insubmersibles* il en résulterait des *dommages incalculables!* Il résulte des mêmes déclarations de M. le Directeur général que si l'on établissait des *endiguements imprudents* sur les rives de l'Yonne et de la Seine, ils pourraient *causer de grands malheurs!* Enfin, M. le Directeur général des ponts et chaussées a déclaré *qu'un propriétaire ne peut se débarrasser des eaux, par une digue, sans aggraver la situation du propriétaire des fonds supérieurs ou des fonds inférieurs.* Et dès qu'il en est ainsi, dès que M. le Directeur général des ponts et chaussées a fait des déclarations aussi formelles, nous demandons comment on a pu proposer d'établir pour 31 millions de digues pour la défense des villes? quand ces digues, cela est déclaré à l'avance, pourront occasionner des *dommages incalculables!*

M. le Directeur général des ponts et chaussées a déclaré en outre qu'il considérait comme une mesure protectrice de s'opposer à la construction d'une digue élevée pour se débarrasser des eaux, ce qui doit aggraver la situation du propriétaire des fonds supérieurs ou des fonds inférieurs, et c'est condamner à l'avance les digues qu'on propose d'établir pour la défense des villes, car on ne peut les débarrasser des eaux par une digue sans aggraver la situation du propriétaire des fonds supérieurs ou des fonds inférieurs, ce serait donc une mesure protectrice, suivant la déclaration de M. le Directeur général, que celle qui s'opposerait à ce que, désormais, il puisse en être ainsi. C'est comme s'il était prononcé que ce serait une mesure protectrice de s'opposer à la construction des 31 millions de digues proposées pour la défense des villes!!

M. de *Franqueville*, continuant de répondre à l'honorable M. Millet, au sujet de la question de juridiction, a déclaré que tout se passera comme pour les contraventions en matière de grande voirie; les procès verbaux seront dressés par les agents préposés à cet effet; le conseil de préfecture statuera en premier ressort, et le conseil d'Etat sera juge d'appel.

Relativement aux déclarations à faire par

les propriétaires, M. le Commissaire du Gouvernement déclare qu'un règlement d'administration publique prononcera au sujet des formalités relatives à cette déclaration.

En ce qui concerne les plans, MM. les Commissaires du Gouvernement sont d'avis *qu'il soit fait des plans spéciaux* qui seront placés de manière à pouvoir être facilement mis à la disposition des intéressés; *ceux-ci ne seront pas obligés, en cas de besoin, de les aller chercher jusqu'au chef-lieu du département.*

M. le Commissaire du Gouvernement répond enfin à ce qui a été dit par M. Millet de *l'espèce de contradiction* qu'il y aurait, suivant lui, à interdire aux propriétaires de construire des *digues ainsi qu'ils l'entendront sur les terrains déjà couverts par des digues insubmersibles.* Si l'on pouvait avoir la prétention de construire des *digues absolument insubmersibles*, l'orateur reconnaît qu'il ne serait pas nécessaire de s'occuper des constructions qui pourraient être faites sur les terrains que ces digues protégent; mais, *malheureusement, on ne peut jamais avoir la certitude que des digues ne puissent être* QUELQUEFOIS ROMPUES. ***Pour** ne pas* *remonter plus haut, en* 1790, *en* 1846 *et en* 1856, *les digues de la Loire, construites depuis des siècles, comme des digues insubmersibles, ont cédé à l'effort des eaux ; il n'en pouvait pas être autrement, car au bec d'Allier, la Loire débitait* 12,000 *mètres cubes d'eau par seconde, volume correspondant à un débit de plus d'un milliard en vingt-quatre heures. Si les digues n'eussent pas été rompues, l'eau, à Blois, se serait élevée à* 1 *mètre, et à Saumur, à* 1 *mètre* 80 *au dessus du niveau qu'elles ont atteint.*

M. le Directeur général des ponts et chaussées répète *qu'on ne peut jamais être certain que telle ou telle digue est absolument insubmersible, et c'est là surtout ce qui* CONSTITUE LE DANGER DE CE GENRE D'OUVRAGE. Il peut donc arriver que les terrains défendus par ces *digues soient appelés accidentellement à donner passage aux eaux* ; il faut dès lors, qu'il *ne soit élevé sur ces terrains aucun obstacle*, et ainsi sont justifiées, dit l'auteur, les précautions contenues dans l'article 6 pour le cas de submersion.

Nous devons faire remarquer que ce qui est avancé ici au sujet des digues construites sur les terrains ruraux est également applicable aux digues à construire pour la défense des villes, ce qui renverse jusque dans sa base toute l'économie du projet de loi présenté. Effectivement, on le conçoit, les terrains *défendus par des digues*, qui sont ici les villes, *peuvent aussi être appelés accidentellement à donner passage aux eaux*, cela a été déclaré par M. le Directeur général des ponts et chaussées, et nous devons répéter avec lui qu'on ne peut jamais être certain que telle ou telle digue est absolument insubmersible, et que c'est là surtout ce qui CONSTITUE LE DANGER DE CE GENRE D'OUVRAGE ! La défense projetée pour les villes n'est donc qu'une défense momentanée !....

La discussion sur l'article 6 étant terminée, M. Millet présente des observations sur l'art. 7. Il demande quelle autorité aura mission de reconnaître et de décider *qu'une digue fait obstacle à l'écoulement des eaux*; quel recours aura le propriétaire pour contester cette décision; quelle juridiction déterminera le droit à une indemnité lorsqu'il y aura lieu à indemnité; enfin, à la charge de qui sera cette indemnité?

M. de Franqueville, Conseiller d'Etat, répond sur le premier point qu'évidemment c'est une décision administrative qui interviendra ; c'est le ministre qui décidera que tel ouvrage est nuisible et fait obstacle à l'écoulement des eaux.

Devant qui sera portée la contestation ? L'orateur dit qu'il s'agira ici d'une question non d'expropriation, mais de dommage. Ce sont donc les tribunaux administratifs qui seront compétents : les conseils de préfecture d'abord, et en appel le Conseil d'Etat.

Par qui sera payée l'indemnité ? Elle devra l'être soit par l'Etat, soit par les syndicats de propriétaires, s'il en existe, qu'intéressera la destruction de l'ouvrage reconnu nuisible.

Après l'adoption des divers articles de la loi, au scrutin sur l'ensemble, le projet de loi est adopté à l'unanimité de 237 votans.

XVII.

C'est le 4 mai 1858 que le Corps Législatif a adopté le projet de loi relatif aux travaux de défense contre les inondations, et, dès le 6 mai, je me suis exprimé en ces termes, en m'adressant à Sa Majesté l'Empereur :

« C'est vainement que le Corps des ingénieurs persiste à opposer *des remparts ou des digues* à la fureur des flots, car, en augmentant la hauteur des digues, la force qui doit les détruire sera proportionnellement augmentée ! D'un autre côté, plus le travail défensif sera augmenté, plus il sera étendu, plus le torrent dévastateur sera resserré dans son cours, et plus les eaux seront agglomérées et élevées, et plus les villes défendues par les nouveaux remparts qu'on propose seront exposées, car les désastres seront en raison de la hauteur donnée à ces remparts. Enfin, le corps des ingénieurs, en cherchant à défendre les points habités, en les retranchant, a-t-il bien calculé s'il laissait, au surplus de la vallée, une section suffisante pour que les eaux produites par les terrains supérieurs puissent s'écouler, sans occasionner leur élévation, car si l'on enlève, par exemple, la moitié de la largeur de la vallée à l'écoulement des eaux, il est positif que les eaux de l'inondation auront alors une hauteur double, et que les dangers seront immensément augmentés !

Enfin, il paraît que la forme la plus convenable à donner à ces nouveaux remparts pour rompre ou diviser la force des courants rapides n'a pas été étudiée, et l'étude des directions à donner aux courants, en amont, des points à défendre, a été à peine effleurée. On présente donc encore des travaux trop peu étudiés, d'un prix excessif, et qui peuvent AUGMENTER LES DÉSASTRES au lieu d'y mettre un terme ! »

Telles ont été mes observations adressées à S. M. l'Empereur.

Après avoir démontré, par le travail qui précède, l'inanité et le danger des *travaux défensifs*, quand il s'agit de lutter contre les inondations, nous allons publier textuellement, *dans la* 2e *partie* de cet ouvrage, nos brevets d'invention, et l'on aura ainsi la certitude que c'est par des *travaux préventifs*, peu coûteux et bien conçus, c'est-à-dire par les *progrès en agriculture, par une agriculture perfectionnée, et étendue à tous les points, qu'on peut mettre un terme aux désastres qu'on reproche aux inondations.*

XVIII.

Le *Moniteur universel*, journal officiel de l'Empire français, du 3 juin 1858, contenait les lignes qui suivent: « Un article du *Moniteur* » du 21 juillet 1856 a annoncé qu'un concours » était ouvert à Londres par la Société univer- » selle pour l'encouragement des arts et de » l'industrie, et qu'une médaille d'or de *la* « *valeur* de 50 L. st. (1,250 francs) serait » décernée à l'auteur du *meilleur mémoire sur* » *les moyens de prévenir et de combattre les* » *inondations*. Cette Société anglaise a statué » sur le mérite des divers mémoires qui » ont concouru, et c'est à un français, » *M. F. d'Olincourt*, architecte des prisons du » département de la Seine, que le prix annoncé » a été décerné. Le système de M. d'Olincourt » se compose d'un ensemble de *travaux* » *préventifs*, fort peu coûteux, et que chaque » cultivateur peut exécuter; c'est *l'irrigation*, » *par les eaux pluviales*, réalisée sur tous les » points, de manière à accroître le revenu net

» de la propriété. C'est, en résumé, *la trans-*
» *formation des inondations en de fécondes*
» *irrigations, ou un système général d'irriga-*
» *tion, de culture et de plantation*; ici les
» *travaux d'art font place à une agriculture*
» *perfectionnée et introduite sur tous les points.*»

Paris, août 1860.

FIN DE LA PREMIÈRE PARTIE.

TRANSFORMATION
DES INONDATIONS
EN DE FÉCONDES IRRIGATIONS,
OU
L'AGRICULTURE RENDUE FLORISSANTE
PAR L'EMPLOI DES EAUX PLUVIALES.

DEUXIÈME PARTIE.

PREMIER BREVET D'INVENTION,
DE 15 ANNÉES,

Pris en France, sous le titre de : *Transformation des inondations en de fécondes irrigations*, ou *Système général d'irrigation, de culture et de plantation.*

Les avantages des irrigations ont été reconnus dès les temps les plus reculés, et le livre sacré de la Bible attribue la fertilité de l'Egypte à son système d'irrigation. Des sommes énormes étaient alors dépensées pour la construction des aqueducs et des réservoirs nécessaires aux irrigations, et l'imagination reste frappée des grands travaux du lac Mœris et du canal d'Alexandrie, dont rien n'a approché de nos jours.

L'irrigation est le trésor de l'agriculture et par elle des terres presque infertiles produisent d'abondantes récoltes. M. de Gasparin est parvenu, par les irrigations, et au moyen d'une dépense de 20,000 fr., à créer une prairie de 33 hectares, dont le produit actuel est de 10,000 fr.; avant les travaux faits, ce terrain ne rapportait que 1,200 fr. M. Paris, sous-préfet de Tarascon, a constaté que, grâce à l'introduction de l'irrigation, des terrains qui ne se vendaient que 25 fr., ont acquis une valeur de 500 fr. M. Bosc, géomètre en chef du cadastre du département du Var, a constaté par des calculs rigoureusement exacts, que la *plus value donnée aux terres soumises à l'irrigation est de 144 fr. 50 c. de revenu net par hectare.*

Jusqu'à ce jour l'irrigation a été un travail exceptionnel et trop coûteux, et souvent il a été déclaré impossible, soit à cause « du sol, de sa » position, de sa forme, de sa surface, soit à » cause de sa situation, de la direction, de » l'abondance et de la nature de l'eau, enfin à » cause des travaux et des dépenses. »

Suivant notre système, il n'est pas un point qui ne puisse être soumis à l'irrigation, car partout où la pluie est reçue, sur les hauteurs comme dans les vallées, il est possible de la recueillir et de la conserver. Si cette pluie fécondante était ainsi conservée, elle serait une source de fortune pour le cultivateur, et il résulte de toutes les observations faites que les eaux de pluie, dans nos contrées, ne s'élèvent jamais à plus de dix centimètres de hauteur en vingt-quatre heures.

L'eau, bien utilisée, favorise la germination des plantes et de leurs racines; elle rend le terrain plus perméable à l'air en s'y infiltrant; en thèse générale, l'eau, en agriculture, est un bienfait; dès lors, au lieu de faciliter l'écoulement prompt des eaux, il devrait être reçu en principe qu'il faut chercher à en ralentir la marche, à les conserver; le dessèchement et l'écoulement sont nécessaires seulement quand il y a surabondance d'eau, ce qui nuit à la production. L'idée que j'émets ici est la base de mon nouveau système.

L'excessive sécheresse des plateaux, des terrains élevés, conduit à des pertes continuelles en agriculture, qui, si elles étaient bien supputées, dépasseraient peut-être celles occasionnées par le fléau des inondations, et c'est une remarque qui domine toute la question qui nous occupe; il y aurait donc un immense bienfait à conserver les eaux pluviales sur les plateaux et à les empêcher de descendre avec impétuosité dans les vallées étroites, où elles occasionnent tant de désastres. Les immenses terrains qui forment les sommités de nos montagnes sont généralement secs et arides, tandis que les vallées seules sont fertiles : ici c'est l'immense superficie du terrain qui est rendue aride par un assèchement trop prompt, quand les vallées, souvent étroites, et présentant comparativement bien moins de contenance superficielle, sont rendues fertiles. Cette réflexion doit conduire à penser qu'il y aurait utilité à conserver les eaux pluviales sur les plateaux, aussi longtemps que cela serait possible et utile, pour les faire descendre graduellement dans les vallées, après avoir porté, à chaque pas, par un système d'irrigation bien raisonné, la vie et la fertilité sur tous les terrains supérieurs, puis intermédiaires, avant de les rendre aux vallées, qui souffrent parfois d'une trop grande abondance d'eau.

L'idée nouvelle que je viens d'émettre conduit à un autre résultat bien précieux, c'est que les principes fertilisans, les limons fécondans, les humus des terrains supérieurs ne seraient plus entraînés par les orages et par les pluies diluviennes pour aller porter la dévastation dans les vallées, où ces limons ne développent leurs principes fécondans qu'après avoir été d'abord une cause de dévastations et de ruines. Par le système que je propose, qui tend à retenir, à conserver les eaux aux points où elles sont produites, et à retarder et régler leur écoulement sur les plateaux, on comprend que les pluies diluviennes cesseraient d'être dévastatrices, et que les retenues pratiquées dans toute l'étendue de terrain que les eaux parcourent, empêcheraient les terrains supérieurs de se dépouiller aussi promptement des principes qui peuvent y porter la fécondité; ainsi les plateaux auraient aussi leurs riches récoltes assurées et l'on cesserait de considérer les vallées comme ayant seules des terrains de première classe, ou d'un grand rapport.

Le premier principe que nous posons, est que tous les terrains, sur les plateaux des montagnes comme dans les vallées, doivent être disposés de manière à *conserver* les eaux pluviales, et à en *absorber* une partie, afin de favoriser partout la germination, la végétation et le développement des plantes.

Notre second principe est que, pour tirer le plus grand parti des eaux, dans l'intérêt de l'agriculture, il faut en retarder la marche, il faut les employer en fécondes irrigations, et ne les rendre aux sols intermédiaires, puis aux sols inférieurs, c'est-à-dire aux vallées, qu'au moment où ces eaux auront partout répandu la fertilité et l'abondance.

Il résulte de ces deux principes, qu'au lieu de porter les études et les travaux dans les vallées, ou sur le flanc des montagnes, comme cela a été fait jusqu'à ce jour, les études doivent d'abord être portées sur les plateaux supérieurs, car les désastres des vallées proviennent des eaux produites par les montagnes, par les immenses plateaux qui les dominent, et dont l'aridité est déplorable.

Les premiers travaux à exécuter, pour

empêcher les inondations, ne consistent pas en ouvrages gigantesques, en digues insubmersibles, à établir sur les rives des fleuves, ces travaux utiles se réduisent à de simples labours, à des retenues exécutées par un jet à la pelle, à l'établissement de simples *bourrelets* dans toute l'étendue des vastes plateaux qui couronnent les montagnes, et dont les eaux finissent par alimenter les fleuves. Tout ici se réduit donc à des travaux de l'exécution la plus facile et que le plus humble campagnard peut comprendre et réaliser.

Dans notre système, nous proposons donc de faire *conserver* par chaque champ, par chaque terrain, et d'y faire *absorber* en partie, les eaux pluviales qui y sont projetées, c'est dire que nous voulons favoriser la culture des plateaux supérieurs, et cela parce que les terrains labourés, ou binés, et ceux qui sont couverts de récoltes ou de gazons, ou de plantations et de bois, absorbent plus facilement les pluies, surtout quand la disposition des terrains est horizontale, car ici la terre est une éponge et sa perméabilité lui permet d'absorber les eaux pluviales.

Si les terrains ne sont pas suffisamment perméables pour produire l'absorption complète des eaux pluviales projetées, ou si une légère inclinaison du sol détermine un écoulement trop prompt des eaux produites, c'est le cas, pour chacun, d'aviser à *conserver* les eaux, dont on est incontestablement le propriétaire, en transformant chaque terrain en un *réservoir artificiel*, ou *réservoir irrigateur*, et ce travail se réduit à prendre les précautions que nous allons indiquer.

Le terrain est-il parfaitement horizontal, la quantité d'eau produite, dans nos contrées, en temps d'orage, étant de dix centimètres de hauteur en vingt-quatre heures, on comprend qu'il suffira de former, sur les rives du terrain donné, un *bourrelet* en terre, ou tertre, de dix centimètres de hauteur, pour y contenir toutes les eaux projetées. Chaque terrain horizontal sera ainsi soumis à une irrigation complète, et ce travail, pour un quadrilatère d'un hectare, se bornera à la formation d'un tertre de 400 mètres de développement, et si l'on suppose ce tertre composé d'un cube de terre de trois décimètres de largeur, le travail total sera de douze mètres cubes de remblai exécuté à la pelle par un jet sur berge, qui s'exécute, à Paris, moyennant le prix de 0,19 c. d'après le Tarif; comptant, en plus, le pilonnage fait avec beaucoup de soin, à 0,08 c., prix du Tarif, le chiffre obtenu, par mètre cube, serait de 0,27 c., ce qui, pour les douze mètres cubes à traiter, occasionnerait une dépense de 3 fr. 24 c. par hectare, et je dois ajouter que les prix que je viens d'indiquer sont ceux accordés aux entrepreneurs de la capitale, ce qui démontre qu'au village la dépense serait assurément moins élevée.

Si, au lieu d'un terrain horizontal, le terrain donné à garantir a une pente de deux centimètres par mètre, et une longueur de trente mètres, cela déterminera une inclinaison totale de six décimètres, et il en résultera qu'en établissant, à la partie inférieure du champ, un bourrelet en terre ou un tertre de six ou sept décimètres de hauteur, tertre qui, sur les limites latérales, aura aussi six ou sept décimètres de hauteur à la partie inférieure du champ pour se réduire à zéro à la partie supérieure, on aura ainsi réalisé un *réservoir artificiel*, ou *reservoir irrigateur*, qui conservera les eaux reçues. On conçoit que si l'on voulait réduire la hauteur du tertre de moitié, ce résultat pourrait être facilement obtenu en divisant le champ en deux *réservoirs irrigateurs*, en établissant un bourrelet intermédiaire et transversal au milieu de la longueur du champ, et, dans tous les cas, il sera facile d'établir des réservoirs assez étendus pour contenir toutes les eaux pluviales.

La description qui précède indiquant les retenues à faire pour les terrains horizontaux et les terrains inclinés, on comprend qu'en raison de la forme des terrains, de leurs inclinaisons ou pentes, plus ou moins rapides, mes *réservoirs irrigateurs* se prêteront à toutes les formes et dispositions et que les retenues seront multipliées ou rapprochées en raison de la pente des terrains, le principe des réservoirs protecteurs, ou des *réservoirs irrigateurs*, devant être appliqué partout, sur les montagnes, dans les gorges, dans les plaines et dans les vallées.

Les terres pour la formation des tertres ou bourrelets, afin de réduire le travail de terrassement à un simple jet à la pelle, proviendront généralement, cela se conçoit, d'une rigolle ou d'un fossé à établir sur les limites de la propriété, ou, quand elle sera trop étendue, la propriété sera divisée ou fractionnée par les fossés nécessaires, qui seront d'ailleurs établis de manière à recueillir les eaux, quand le propriétaire-cultivateur aura jugé utile de cesser l'irrigation de son terrain ou de faire écouler les eaux des *réservoirs irrigateurs.*

Les fossés dont nous proposons l'établissement seront aussi formés de manière à faciliter l'absorption des eaux par les sous-sols, quand le terrain supérieur n'aura pas assez de perméabilité, et, comme on le verra plus loin, les eaux recueillies dans les fossés y faciliteront la végétation et le développement des plantations que nous proposons d'y établir.

Quand la déclivité du terrain sera forte, notre système pourrait conduire à établir des tertres ou des retenues en terre d'une trop grande élévation, aussi avons-nous hâte d'ajouter que, dans ce cas, le terrain sera divisé, comme dans l'ancien système de labourage, en *planches*, ou en *billons* ou *sillons*, en sorte qu'il sera toujours possible de réduire les tertres ou bourrelets à 20 ou 25 centimètres d'élévation, comme nous allons en fournir la preuve : soit supposé un terrain dont la pente nécessitera une retenue de 1 mètre de hauteur, il suffira, dans ce cas, de diviser le champ en quatre planches dans le sens de sa pente, et alors on obtiendra la retenue d'eau utile par quatre tertres ou bourrelets de 25 centimètres de hauteur. Par cet exemple, on comprend qu'en toutes circonstances il sera possible, par la division en planches, de réduire la hauteur des bourrelets au point de ne leur donner que dix centimètres de hauteur, si cela était reconnu utile ou favorable.

Par les travaux extrêmement simples que nous venons de décrire, chaque propriété pourra utiliser les eaux pluviales produites, et chaque propriétaire conservera sa terre végétale et ses engrais, tandis qu'aujourd'hui ces éléments de fécondité sont enlevés des plateaux et des terrains supérieurs pour aller porter la vie dans les vallées, après avoir été partout une cause de dévastation sur leur passage.

Pour les terrains peu inclinés, il suffira

souvent de la simple culture ou de rigoles formées par la charrue en reportant leurs terres par le haut, ou de petites haies, de broussailles, ou d'un clayonnage de quelques centimètres de hauteur pour retenir les eaux, en retarder le cours et produire les résultats que nous cherchons.

Par la culture, le gazonnement ou le boisement de toute la superficie des plateaux supérieurs et des montagnes, et par le système de simples barrages ou de retenues dont nous proposons l'établissement partout où les eaux pluviales ne seraient pas absorbées par le sol, on conçoit qu'on peut faire disparaître presque complétement la cause des grandes inondations, et les terrains supérieurs étant généralement secs et arides, on comprend qu'il y aurait utilité d'y conserver les eaux aussi longtemps que possible, d'abord sur le sol comme irrigation générale, puis dans les fossés creusés aux limites des propriétés, ce qui conduirait à en absorber la plus grande partie.

L'établissement des chemins et des voies d'exploitation et de communication sur les montagnes et les plateaux, devra être étudié de manière à compléter (en les élevant au moyen des terres extraites des fossés plantés et des réservoirs plantés à établir sur leurs rives), le système des réservoirs artificiels que nous proposons, et il sera facile de déterminer de combien les voies ou chemins devront être élevés au-dessus des sols voisins, en fixant cette hauteur par le cube d'eau que doit contenir le réservoir artificiel, qui se borne à ces digues ou retenues, ce cube devant être égal à la superficie du réservoir multipliée par dix centimètres, qui représentent la hauteur des eaux pluviales tombées en vingt-quatre heures, en temps d'orage, dans nos contrées.

Pour compléter les études au sujet des plateaux, il sera nécessaire d'examiner les points de direction des eaux par les gorges de déjection, et, en remontant aux points de départ de ces eaux, on cherchera à les diviser, à les répartir dans les diverses gorges qui existent, ce qui fertilisera des terrains arides, en diminuant d'autant la force de destruction des anciens torrents.

Par ce que nous venons d'expliquer, on reconnaîtra que notre système tend, en toutes circonstances, à *utiliser immédiatement* les eaux pluviales dans l'intérêt de l'agriculture, — à ralentir partout la marche des eaux, — et, en empêchant la formation des torrents qui dévastent les vallées, nous voulons assurer désormais de riches récoltes aux plateaux qui surmontent les montagnes ; c'est, à proprement parler, la transformation des *inondations en fécondes irrigations.*

En retenant les eaux, aussi longtemps qu'il sera possible, sur les plateaux, pour y établir une irrigation utile, on comprend que la force des torrents qui ravageaient les gorges des flancs des montagnes, sera en quelque sorte annihilée, et dès lors, au lieu des digues criblantes de M. Rozet, nous n'établirons que de légers barrages ou des retenues en terre et en gazonnements, ce qui en fera des travaux fort ordinaires, au lieu de travaux excessivement coûteux.

Enfin, au sujet des vallées, où chaque propriété formera un *bassin irrigateur*, suivant notre système général, on comprend que le système des digues insubmersibles devient absolument inutile, et que le système des digues transversales, qui établirait le colmatage annuel du sol des vallées, sera aussi un travail absolument inutile, sinon dangereux ; les cours d'eaux n'auraient plus que de simples digues à fleur d'eau, et le sol des vallées n'aurait, en outre de nos bourrelets de retenue, que les plantations et haies de ces bourrelets ou tertres, des haies en branchages, etc, qui, par leur disposition générale, seront autant de digues criblantes placées transversalement pour modérer la vitesse du courant et déposer partout et lentement un limon précieux. Notre système réduit donc toutes choses à des travaux d'une grande simplicité et à la portée de tous les cultivateurs, et cependant il peut *mettre fin aux dévastations déplorables causées par les inondations extraordinaires, en doublant les produits agricoles de vastes terrains, en portant l'abondance dans des contrées arides, et en conservant à nos fécondes vallées leurs riches moissons.*

Notre projet est la réalisation d'un vaste système d'irrigation, au moyen de réservoirs protecteurs ou de *réservoirs irrigateurs*, d'un établissement facile et peu coûteux, par lesquels chaque propriétaire se réservera l'usage et l'emploi des eaux, qui sont sa propriété incontestable. Ces *réservoirs irrigateurs* seront les larges alvéoles de l'éponge, qui doit retenir les eaux et ne les rendre aux rivières et aux fleuves qu'au moment utile, et après avoir répandu partout la vie et la fertilité, tandis que, jusqu'à ce jour, par le moyen des digues, appelées si improprement insubmersibles, les humus, les engrais et les limons fécondants sont entraînés par des eaux furieuses, en sorte que la conséquence des millions dépensés pour élever de gigantesques digues, est d'envoyer des centaines de millions d'engrais et de limons fécondants à la mer !

Si nous avons réservé jusqu'à ce jour les détails d'application de notre système et toutes ses données pratiques, afin d'en faire le sujet du présent brevet d'invention, nous n'avons pas agi de même quant à l'idée générale, et surtout nous n'avons pas attendu ce moment pour démontrer l'inutilité du système des digues insubmersibles et le peu d'efficacité du reboisement des montagnes pour mettre fin aux désastres des inondations, car, dès 1836, dans les journaux dont je faisais la publication sous ces titres : *la Revue de l'Est*, *la Revue provinciale*, *et le Journal progressif de l'Instruction populaire*, j'ai abordé ces graves questions lors de la plupart de nos grandes inondations; dès l'année 1847, j'ai adressé divers mémoires et documents au sujet de mon système aux ministères des travaux publics, de l'intérieur et des finances, et le 21 janvier 1848, afin de donner une date certaine à l'ensemble de mon système, j'ai adressé un mémoire à la Société d'agriculture de Bar-le-Duc, chef-lieu de la Meuse, sous ce titre : *Question de l'écoulement des eaux.* Ce mémoire a été approuvé par cette société et a été recommandé à MM. les ministres des finances et des travaux publics, par M. le Préfet du département de la Meuse. En novembre 1857, j'ai rédigé un ouvrage complet, encore inédit, sur l'ensemble de mon système, sous ce titre : *De la Suppression du fléau des inondations extraordinaires*, *et de l'emploi utile des eaux*, ou *Système général pour mettre à l'avenir nos riches vallées à l'abri des désastres des inondations* ; et, le 31 août 1857, j'ai rédigé et lu à l'Institut Impérial de France, un travail sous ce titre : *Note sur un Système général pour mettre les vallées à l'abri des désastres des inondations.*

Ces divers écrits ont pu modifier quelques convictions, on a pu m'emprunter et reproduire une partie de mes idées émises, mais personne n'a été plus loin que ce que j'avais indiqué; personne, au sujet des désastres des inondations, n'a fait remonter le remède jusqu'à l'origine du mal; personne n'a songé qu'on pouvait, au moyen de simples travaux, transformer les *inondations* en *fécondes irrigations*, comme nous le prouvons par les détails de ce brevet d'invention, et personne, avant nous, n'est parvenu à établir partout *le système* des *irrigations par le fait de la chute des eaux pluviales*; mon système seul produit immédiatement et directement l'irrigation, tandis que dans tous les systèmes présentés jusqu'à ce jour, les eaux pluviales sont recueillies dans des fossés, ou dans des réservoirs, en sorte que les irrigations ne sont ensuite réalisées qu'au moyen de travaux manuels, ou par des moteurs et au moyen de dépenses préalables.

Mon système présente en outre l'avantage de pouvoir être réalisé par des travaux à la portée du plus humble campagnard, sans le secours d'aucun homme de l'art, en sorte que, presque sans dépense, les inondations seront supprimées et seront remplacées par des irrigations fécondes qui donneront à tous les terrains une plus value que M. Bosc élève à 144 fr. 50 c. par hectare.

Il résulte de mon système général d'irrigation, que je suis conduit à proposer l'adoption d'un nouveau système de labourage, que j'appelle *labourage horizontal*; il est destiné à remplacer avantageusement le labourage traité dans beaucoup de localités, suivant l'inclinaison générale du sol, et qu'on appelle pour cela *labourage à plat*, ou en *planches*, et mon système est surtout bien préférable au labour généralement employé sous le nom de *labourage en sillons ou en billons*.

On juge ordinairement du mérite du cultivateur par l'art avec lequel il traite ses labours, en les rendant propres aux cultures les plus productives. Le terrain doit être façonné de manière à bien recevoir les semences, car c'est de ce point de départ que dépend le succès d'une culture, et, sous ce rapport, le nivellement ou l'*horizontalité* du champ est une qualité qui fait que la semence se répartit partout avec plus d'égalité, c'est ce qui a fait adopter à Roville le *labourage à plat*. Dans un champ bien nivelé, la terre a plus tôt, sur tous les points, une même profondeur de labour qui laisse aux racines le moyen de se développer également. Dans un terrain ainsi cultivé, les sucs nutritifs se répartissent partout également et produisent ainsi leur effet avec plus d'efficacité, et les engrais sont épandus et mélangés partout à une égale profondeur. Le labourage horizontal répartit également la chaleur atmosphérique et l'humidité des pluies. Ce système de culture met, sur tous les points du champ, les matières solubles et fermentescibles dans les circonstances les plus favorables à leur dissolution dans l'eau ou à leur décomposition au moyen de l'oxigène de l'air. Le labour le plus parfait, cela est reconnu, est celui fait à la main, et le talent de l'ouvrier est de bien dresser le sol, de le niveler, il convient donc que le labour à la charrue soit fait à l'imitation du labour fait à la main, et qu'il produise un terrain bien nivelé, et j'ajoute bien horizontal.

Le labour horizontal que nous proposons, présente l'avantage d'opérer le défoncement, à des profondeurs égales, en ramenant à la surface une même épaisseur de sous-sol, quand il est reconnu que son mélange peut être une amélioration pour le sol supérieur.

La pratique démontre que les façons, sur les collines en pente assez rapide, tendent à dénuder leur sommité, et par conséquent à les rendre moins propres à la culture, et ce fait démontre que le labourage horizontal, érigé en principe, présentera ici un grand avantage.

Quand, par la direction donnée au labour, certaines parties de la terre sont plus exposées au séjour des eaux, il en résulte qu'à l'époque des semailles, certaines parties du sol ne sont pas dans une situation favorable, et dans un champ horizontal, où l'action puissante des gelées de l'hiver opère partout également, on comprend que le terrain sera réduit partout avec égalité en terre meuble, et que les semailles auront partout le même succès. L*e labourage à plat* ou en *planches*, ne produirait pas ce résultat avec autant de certitude.

Les terrains horizontaux, qui sont également perméables à l'eau, ont l'avantage de pouvoir être labourés en tous temps, et l'on sait qu'en agriculture, le travail fait en temps utile, ou opportun, vaut mieux qu'un travail bien fait.

Dans quelques parties du Nord, on laboure les champs à la bêche tous les six ou huit ans, afin de régulariser la culture et de la perfectionner, et pour mélanger les engrais à une égale profondeur dans le sol; par le labourage horizontal, ce travail, à la bêche, ne sera plus nécessité.

Pour le labourage horizontal, la charrue, en allant et en revenant, jette toujours la terre du même côté et remplit ainsi successivement chaque raie, en en traçant une autre à côté; le champ devient ainsi parfaitement uni, et mon labourage étant ainsi opéré pour retenir et absorber le plus possible les eaux pluviales, je propose de supprimer la plupart des rigoles d'écoulement des eaux, ce qui laissera le terrain qu'elles occupaient à la culture. Quand il sera nécessaire, dans des dispositions exceptionnelles, à cause de l'inclinaison du sol, on divisera le champ en divers parallélogrammes, à des niveaux différents, séparés par des tertres destinés à retenir et contenir les eaux, ce système aura de l'analogie avec le *labour en planches*, mais il présentera sur lui l'immense avantage de *l'horizontalité* qui se prête si bien aux irrigations.

Les inconvénients de la culture en *sillons* ou en *billons*, ou du *billonnage*, vont être déduits par nous, afin de faire mieux apprécier les avantages du *labour horizontal.*

Les billons fournissent une couche labourable plus épaisse seulement à l'ados du champ, et cela au détriment de tout le surplus de la culture, et c'est au point que les bas côtés, exposés à l'eau et privés d'une profondeur suffisante de terre, ne produisent rien ou ne présentent que de chétifs résultats. Par le système des billons, jamais l'ados n'a une trop grande humidité, mais la terre y est souvent trop asséchée, tandis que le surplus du champ ne présente jamais qu'une faible récolte. Comme l'a si bien expliqué M. Oscar Leclerc-Thouin, « l'eau, par une cause ou une autre, s'accu-
» mule presque toujours, au moins par places,
» dans les rigoles, et il est le plus souvent

» impossible de faire des saignées dans le sens » des diverses pentes du terrain ; et, dans les » temps de sécheresse, lorsqu'il survient une » pluie d'orage, au lieu de pénétrer dans la » croûte durcie qui forme la surface du sol, » elle ne fait que glisser à sa superficie, de » sorte que quelquefois les rigoles sont insuffi- » santes pour contenir l'eau qui s'y est jetée, » tandis que l'ados se trouve presque aussi sec » qu'auparavant. »

Les billons rendent les labours, les hersages et les travaux de la récolte plus difficiles, et, dans ce système de culture, les labours croisés sont rendus impossibles, et l'on sait cependant combien, parfois, ils sont utiles.

La multiplicité des raies conduit partout à des pertes de terrains, puisqu'elles restent sans culture et que les parties qui les approchent rapportent à peine quelques chétifs épis, aussi M. Mathieu de Dombasle a-t-il été frappé de ces graves inconvénients et a-t-il formellement proscrit les billons très-étroits.

Thaer s'exprime comme je vais l'indiquer en faveur du labour à plat, que je propose de transformer en labour horizontal, autant que cela sera possible : « L'écoulement des eaux que dans bien des lieux on cherche à procurer surtout par le moyen des rigoles qui séparent les billons, s'obtient toujours d'une manière plus parfaite au moyen des raies que, sur le champ *labouré à plat*, on trace d'abord après avoir accompli la semaille, et auxquelles on donne la tendance la plus directe et la plus propre à l'écoulement de ces eaux, ce qui n'a pas toujours lieu pour les rigoles des billons. Ces *raies d'écoulement* peuvent être multipliées dans les lieux où elles sont nécessaires, et l'on en fait abstraction dans ceux où elles ne seraient pas utiles. Les sols labourés à plat conservent une égale répartition de leur terre végétale sur toute leur superficie, tandis que ceux labourés en billons en sont privés dans des places pour l'avoir en surabondance dans d'autres. Ces premiers conservent sur toute leur étendue une même épaisseur de terre remuée ; ils favorisent une répartition plus égale du fumier qui, sur les terrains labourés en billons étroits, a de la disposition à s'amasser dans les rigoles ; leur matière extractive n'est pas entraînée sur la pente des billons et dans les rigoles ; mais surtout la semence y est mieux répartie : on l'y répand à la volée. La herse agit sur toute la surface et d'une manière plus uniforme ; le hersage, en rond, qui est si efficace, devient à peu près impraticable sur un terrain labouré en billons ; le hersage en travers même est rendu beaucoup plus difficile par cette dernière manière de disposer le sol. Aussi le terrain labouré à plat peut-il beaucoup mieux être nettoyé de chiendent et des mauvaises herbes qui se multiplient par leurs racines. Le charroi, et surtout celui des récoltes, y est beaucoup plus facile. Enfin le faucheur et le faneur y accomplissent leurs travaux avec bien moins de peine. Les céréales y reposent à plat après qu'elles ont été séparées de leur chaume ; elles n'y tombent pas dans les rigoles pour y être gâtées par les eaux, comme cela n'arrive que trop souvent dans les champs labourés en billons étroits. Le râteau y agit avec beaucoup plus de promptitude, et c'est seulement là qu'on peut se servir du grand râteau, qui rend de si bons services lors de la moisson. »

Tout ce que *Thaer* a dit en faveur du

labourage à plat est d'autant plus applicable à mon système de *labourage horizontal*, qui s'obtiendra et se réalisera partout par des labours successifs et bien dirigés. Ce système aura pour conséquence qu'il n'y aura plus de terres basses et aquatiques et qu'elles seront toutes, et dans toutes leurs parties, soumises à l'action d'une irrigation féconde.

On comprend que nous ne prétendons pas que notre système de labourage sera à l'instant adopté et généralisé, car nous savons que tout ce qui est innovation s'introduit lentement en agriculture. Nous ne prétendons pas davantage que notre système sera partout de l'application la plus facile, car il existe des situations exceptionnelles, parfois des difficultés peu surmontables, mais dans ces derniers cas le *labourage à plat* sera préféré au *labourage en billons*, à cause des nombreux avantages qu'il présente, et, autant que cela sera possible, tout en faisant d'abord le *labourage à plat* suivant l'inclinaison générale du sol, on cherchera, par des labours successifs, à ramener le terrain à une situation horizontale. Ce qui facilitera beaucoup la réalisation complète de notre système de *labourage horizontal*, c'est que, par l'établissement de rigoles, et surtout de fossés à la limite des propriétés, on trouvera des terres qui, par un simple jet à la pelle, emploieront les sous-sols en nivellement des planches ou des sillons, sans occasionner un travail trop coûteux. Par ces seuls mots on comprend que, dans notre système, les études des travaux à faire pour réaliser les irrigations, conduiront aux analyses des sols et des sous-sols pour les mélanger dans des proportions qui rendront le sol labourable plus productif, en même temps que les champs seront, par les remblais, naturellement disposés pour le labourage horizontal, et que les limites des propriétés pourront être fixées d'une manière invariable par l'établissement de rigoles et de fossés, souvent nécessaires pour trouver sur place les terres utiles à la confection des tertres ou bourrelets de retenue des eaux.

Parmi les conséquences utiles de mon système d'irrigation et de labourage horizontal, je dois citer les clôtures boisées des terres, des prairies, des pâturages, etc., car, par l'emploi de mon système, la plupart des propriétés seront limitées, comme dans les riches vallées de la Normandie, et comme dans les parties soigneusement cultivées de la Belgique et de l'Angleterre, par des haies ou des bocages qui ajouteront au revenu de chaque propriété, en fixant leurs limites d'une manière invariable, ce qui mettra un terme à la plupart des difficultés et des actions judiciaires qui s'élèvent souvent, par les frais, à la valeur de toute la propriété.

Quand j'ai indiqué les avantages de mon système de labourage horizontal, j'ai démontré qu'il supprimait les espaces perdus de la culture en billons, et qu'il mettait en rapport toute la superficie des champs; on ne pourra donc me reprocher les tertres, et les rigoles et fossés que j'établis sur toute la périphérie des propriétés, dès que ces tertres, ces tranchées ou rigoles et fossés se prêteront aisément, et partout, à l'établissement de haies et de plantations qui rapporteront un revenu en bois, qui compensera largement le propriétaire du terrain enlevé à la culture.

Les clôtures boisées que je propose limiteront chaque propriété, y empêcheront l'introduction des animaux et les retrancheront du parcours.

et de la vaine pâture, et ces clôtures boisées seront nécessairement d'un grand rapport, car nous proposons que leurs plantations soient généralement établies dans des rigoles, des tranchées ou des fossés destinés à recevoir les eaux après avoir été employées à l'irrigation des propriétés.

Nos clôtures consolideront les travaux en tertres, rigoles et fossés et serviront à retarder la marche des eaux, car les plantations sont de véritables digues criblantes qui, en laissant passer les eaux, retiennent les limons fécondans.

Dans la Belgique et en Angleterre, il est reconnu que les champs enclos sont mieux cultivés, mieux entretenus, mieux garantis et d'un plus grand rapport que les autres propriétés. Mon système généralisera ces avantages et le revenu sera plus étendu que précédemment puisque nos plantations seront périodiquement irriguées par les rigoles, les tranchées et les fossés dans lesquels nous les établissons.

Avec des propriétés défendues par des clôtures, le pâturage sera partout réalisable pour le bétail, et alors les prairies artificielles pourront être consommées sur place.

Il est reconnu que les haies trop multipliées sont nuisibles dans les terrains naturellement humides et aquatiques, mais il est de fait que les terrains humides sont horizontaux et sans inclinaisons, et dès lors, par l'adoption de mon système dans ces localités, il n'y aura nulle nécessité de rapprocher les tertres ou limites : la conséquence de cette remarque est que dans les terrains humides mes haies seront moins rapprochées, moins multipliées ; mon système est donc en parfaite harmonie avec ce qui est réclamé par les saines notions en agronomie.

Dans les contrées sèches et élevées, partout où l'écoulement de l'eau est trop prompt, les haies multipliées sont extrêmement utiles, ce qui concorde encore parfaitement avec l'adoption de mon système, car plus le terrain a de déclivité, plus les tertres de retenue des eaux seront multipliés et plus les haies seront rapprochées.

Les tertres ou berges à établir pour la retenue des eaux, quand ils auront une élévation plus qu'ordinaire, seront généralement formés avec les terres provenant de rigoles creusées à la charrue ou de fossés établis à proximité afin que tous les travaux en remblais soient exécutés par un simple jet à la pelle. La dimension des fossés dépendra de la quantité de terre qui aura été nécessaire pour l'établissement des berges, en sorte que les dimensions de l'ouverture, des glacis et du fond des fossés seront nécessairement variables à l'infini. L'inclinaison des glacis et la largeur du fond seront aussi réglées en raison de la consistance des terres et en raison des plantations qui seront faites pour les utiliser.

Dans certains cas, dans les sols calcaires, les glacis des fossés seront parfois remplacés par des murs en pierres sèches.

Quand le sol ne se prêtera pas à la réalisation de bonnes plantations, des digues criblantes pourront être établies en haies sèches ou mortes, formées de branchages ou de bois épineux; ces haies peuvent être consolidées par des traverses et par des pieux. D'autres haies en échalas disposés dans toutes les formes et maintenus en fil de fer peuvent aussi être employées. Enfin on peut encore exécuter d'excellentes digues criblantes par des paillassons ordinaires, ou les former avec des roseaux, des sorgho et des tiges de toutes autres plantes, et surtout de plantes aquatiques.

Les haies et plantations, dont je propose l'établissement sur la limite des propriétés, fixeront ces limites, défendront la propriété et l'abriteront, ainsi que ses récoltes, contre la fureur des vents.

Les plantations seront faites en arbres et arbustes en rapport avec la nature du sol. Les simples haies seront en aubépine, prunellier, charme, chêne, orme, buis, sureau, saules, osiers, arbres verts, houx, acacias, genets, mûriers, baguenaudiers, cormiers, sorbiers, épine-vinette, vignes, figuiers, oliviers, fruitiers, etc.

Les plantations, multipliées partout, sur la rive des propriétés, rendront l'absorption des eaux plus complète, car leurs herbes, leurs broussailles, leurs feuilles, etc., en retenant les eaux, ou retardant leur écoulement en facilitera l'imbibition dans le sol.

Les jeunes plantations, surtout quand elles se trouvent sur un sol très-incliné (à moins qu'elles ne forment un fourré très-épais) sont loin de présenter autant d'avantages que les anciens bois à l'absorption des eaux pluviales, mais nous ajoutons qu'il sera facile d'augmenter l'utilité des jeunes plantations par l'établissement de rigoles, de tranchées et de fossés dans le sens transversal ; on pourra en outre établir, dans le même sens, des clayonnages peu élevés, le tout retiendra et recueillera les eaux, les feuillages et les limons fécondans, au lieu de les laisser descendre dans les gorges ou dans les vallées.

Après avoir analysé mon système général d'irrigation, de culture et de plantations, je crois devoir ajouter quelques réflexions qui tendent à démontrer la supériorité de mon système sur ceux présentés jusqu'à ce jour.

On a trop vanté l'utilité du colmatage des vallées par l'établissement de digues transversales, en considérant comme un bienfait les couches successives de dépôts limoneux. En parlant ainsi, on n'a pas réfléchi qu'à chaque dépôt nouveau des récoltes entières sont enfouies et dévastées, et que les dépôts limoneux ne produisent des récoltes abondantes que dans les années postérieures ; il résulte de ce fait que si dix inondations extraordinaires en un siècle apportent dix dépôts limoneux dans une vallée, en mille ans, la vallée se trouvera avoir successivement reçu cent couches de dépôts limoneux *qui proviendront de la dévastation ou de la dénudation des terrains supérieurs*, en sorte qu'en fait la dernière couche seule fécondera une récolte, quand les quatre-vingt-dix-neuf couches inférieures de dépôts limoneux seront enfouies en pure perte, quand elles seraient une source d'abondantes récoltes, si, par l'adoption de mon système, le sol et ses engrais avaient été conservés sur les plateaux et les terrains supérieurs. Dans mon système, le *colmatage* des vallées sera excessivement lent, et c'est le seul moyen d'obtenir de plus grands résultats en agriculture. Sans doute les limons fertilisans ont une grande force végétative, mais ceux produits par les inondations ne *rapportent* qu'après avoir *détruit*, et comme les inondations extraordinaires sont trop répétées, il y a nécessité de ne laisser le *colmatage* s'opérer, dans les vallées, qu'à des époques éloignées, lors des déluges auxquels la prévoyance humaine ne peut mettre fin, et, dans toutes les autres circonstances, il faut chercher, comme nous le proposons, à empêcher la dévastation des terrains supérieurs, qui s'opère toujours trop promptement.

On a cru pouvoir mettre un terme à la formation des torrents et aux désastres des inondations en proposant de *vastes retenues*, de *grandes réserves d'eaux dans les régions montagneuses*, etc., ce qui enlèverait de vastes terrains à l'agriculture. Je conçois une vaste retenue comme le lac de Genève et le lac de Constance, qui sont formés par la nature, mais ailleurs je ne conçois que l'irrigation immédiate et utile, et je considère comme une erreur le projet de transformer de vastes terrains cultivés en une *vaste retenue d'eau*, puisque cela diminuerait d'autant les terrains en rapport. Le projet de « créer des espèces de bassins régu» lateurs qui *emmagasineraient les eaux après* » *les grandes pluies ou les fontes de neige, et* » *qui ne les laisseraient écouler que progressi*» *vement,* » aurait le même résultat d'enlever d'immenses terrains à l'agriculture pour les transformer, en peu de temps, en de véritables marais. Par notre système, tous les terrains sont livrés à l'agriculture, tous sont irrigués, tous sont mis en plein rapport, ce qui est assurément préférable à *l'emmagasinement des eaux dans de vastes bassins régulateurs.*

Comme il est démontré que le reboisement n'aurait pas l'influence d'abord supposée sur la suppression des inondations, nous ne nous occuperons pas ici de cette question ; seulement nous ferons la remarque que, depuis le déboisement, une cause étrangère et puissante contribue à diminuer la hauteur des inondations, cette cause c'est l'extension donnée à la culture à mesure que des forêts ont été supprimées, et c'est le défrichement progressif des terrains qui, précédemment, restaient abandonnés à la vaine pâture. Cette grave modification n'attire l'attention de personne, et il est cependant incontestable que la culture rend la terre parfaitement perméable, qu'alors une grande partie des eaux pluviales se trouve absorbée et va saturer les sous-sols, ce qui diminue d'autant la force des torrents. Cette observation, dont généralement on ne tient pas compte, est l'une des bases de notre système agricole, et l'on reconnaîtra plus tard combien ses résultats seront avantageux.

Il est aujourd'hui parfaitement reconnu et avéré que si nos vallées sont fertiles, elles le doivent aux limons fécondants qui y ont été déposés, et, dès qu'il en est ainsi, nous demandons pourquoi on voudrait, par un système de colmatage général, couvrir les terrains et les récoltes de nos vallées fertilisées par les limons qui proviennent des terrains supérieurs et par leurs engrais ? Où donc serait l'avantage d'éterniser la dévastation des terrains supérieurs pour arriver à élever chaque jour davantage le sol de nos vallées ? Une fois que les choses auront été examinées sous ce point de vue, nous avons la certitude qu'on renoncera au colmatage des vallées, quand, par la force des choses, et par leur situation, les vallées recevront, par la longue succession des années, tout ce qu'il faut de limons fécondants, pour y conserver la fertilité, sans y détruire aucune récolte sur pied.

Le colmatage, par le fait des inondations, a contre lui les premiers désastres qu'il occasionne, la perte et l'enfouissement de magnifiques récoltes qui sont sur pied lors de l'inondation, et les travaux qu'il est nécessaire de faire pour rendre les nouveaux terrains rapportés propres à la culture, et si, après ces désastres et ces travaux, le colmatage produit quelques années de bonnes récoltes dans une vallée qui, précédemment, était déjà féconde, il faut reconnaître que ce colmatage est le résultat de la dévastation des terrains supérieurs qui, se dépouilalnt lentement, et de siècle en siècle, finiraient par être complètement dénudés. Ce fait, qui peut avoir d'immenses conséquences sur l'avenir de notre agriculture, doit attirer l'attention des savants et du Gouvernement, car les cultivateurs ne continueraient pas à labourer les plateaux et à y porter des engrais, si les résultats de leurs travaux et de leurs dépenses devaient, tôt ou tard, par le colmatage érigé en système, aller enrichir les vallées, ou combler l'embouchure de nos fleuves dans la mer.

Comme les limons qui fertilisent les vallées sont produits par la dévastation des terrains supérieurs, et comme le transport de ces limons d'un point à un autre n'ajoute rien à leur valeur, il en résulte incontestablement que si l'hectare de terrain, dans la vallée, a acquis, par le colmatage, une valeur de 150 fr. en plus, c'est que les terrains supérieurs ont perdu 150 fr. de leur prix ou de leur valeur. Nous ne voyons pas là un avantage pour l'agriculture, surtout si l'on veut bien se rappeler que le colmatage des vallées n'est obtenu, le plus souvent, que par la perte de la récolte sur pied.

Nous n'avons pas à nous occuper du système des digues insubmersibles aujourd'hui jugé, mais nous combattrons le système des digues transversales et nous démontrerons qu'il ne peut produire les résultats espérés.

Par mes études sur les cours d'eaux de la Meuse, faites lors de ma résidence dans ce département, j'ai reconnu d'abord, pour la rivière de Saulx, que la quantité d'eau produite par son bassin, sur dix centimètres de hauteur, est de . . . . 36,350,000 m. c.

Et, la superficie totale de la vallée de la Saulx étant de 36,300,000 mètres carrés, si l'on suppose partout les eaux retenues, par les digues transversales, à une hauteur moyenne de 0,50

A reporter. . . . 36,350,000 m. c.

Report. . .	36,350,000 m. c.
au-dessus du sol, il en résultera une retenue d'un cube de	18,150,000 m. c.
Dès lors les pluies auraient produit, au-delà de la retenue opérée par les digues transversales, un cube de 18 millions, 200,000 mètres d'eau, ci.	18,200,000 m. c.,

cube énorme qui se portera sur les terrains en aval, et y occasionnera des dévastations en rapport avec sa force d'impulsion.

Il n'est pas inutile d'ajouter ici que les digues transversales, pour retenir partout les eaux à une hauteur moyenne de 0,50c, auront une hauteur bien plus forte, puisqu'il faut tenir compte, lors de leur établissement, de la pente de la vallée.

Pour la rivière d'Ornain, la quantité d'eau produite par son bassin, comptée sur 0,10c de chute d'eaux pluviales, est de 71 millions et 880,000 mètres cubes, ci	71,880,000 m. c.
Et la superficie totale	
A reporter. . .	71,880,000 m. c.

Report. . . 71,880,000 m. c.

de la vallée de l'Ornain étant de 69,450,000 mètres carrés, si l'on y suppose partout la retenue des eaux réglée à 0,50c au dessus du sol, il en résultera une retenue de. . . . . 34,725,000 m. c.

Dès lors les eaux pluviales auront produit, au-delà de la retenue opérée par les digues transversales, un cube de 37 millions et 155,000 mètres d'eau, ci . . . . 37,155,000 m. c.

et ce cube se portera sur les terrains en aval, et y occasionnera des dévastations en rapport avec sa force d'impulsion.

Pour la Meuse, la quantité d'eau produite par son bassin, comptée sur 0,10c de chute d'eaux pluviales, est de 232 millions et 800,000 mètres cubes, ci. . . . . 232,800,000 m. c.

Et la superficie totale de la vallée étant de

A reporter. . . 232,800,000 m. c.

Report. . .	232,800,000 m. c.
184,625,000 mètres carrés, si l'on y suppose partout la retenue des eaux réglée à 0,50c au-dessus du sol, il en résultera une retenue de. . . .	92,312,500 m. c.
Dèslors les eaux pluviales auront produit, au-delà de la retenue opérée par les digues transversales, un cube de 140 millions et 487,500 mètres d'eau, ci. .	140,487,500 m. c.

et ce cube se portera sur les terrains en aval, et y occasionnera des dévastations en rapport avec sa force d'impulsion.

On comprend que, dans les calculs qui précèdent, la crue doit être augmentée de toutes les eaux provenant des terrains supérieurs, des montagnes des Vosges et parfois du concours simultané de la fonte des neiges dans ces contrées élevées. En ne supposant les eaux produites par les Vosges qu'au tiers de la quantité produite par la Meuse, ce serait, en outre des eaux recueillies par les digues trans-

versales, un cube de. . . 46,829,166 m. c.
qu'il faudrait ajouter à la quantité produite par la Meuse, quantité qui est de 140,487,500 m. c.

Dès lors, le cube d'eau non retenu dans la vallée de la Meuse, serait, en 24 heures, de. . . . . 187,316,666 m. c.

Pour les vallées qui aboutissent à la ville de Lyon, je n'ai pu faire mes appréciations qu'au moyen de bonnes cartes de géographie physique, et il en est résulté les chiffres qui suivent :

Le bassin de la Saône peut avoir une superficie de. . . . . 25,275,000,000 m.

Et le bassin du Rhône, une superficie de. . . . . . . 28,375,000,000 m.

En sorte que ces deux bassins, qui se réunissent à Lyon, ont une superficie totale de. . . . . 53,650,000,000 m.

Cette superficie, en supposant une chute d'eaux pluviales de 0,10 c. de hauteur, produira, à Lyon, un cube de 5,365,000,000, ou de 5 milliards 365 millions de mètres cubes d'eau qui s'accumulera en 24 heures.

Si le bassin de la Meuse, par les digues transversales de sa vallée, réalisant une retenue générale de 0, 50 c. de hauteur, produit, en 24 heures, 187,316,666 mètres cubes d'eau, abandonnés à leur libre dépense, il en résulte les données proportionnelles suivantes pour le bassin du Rhône à Lyon :

Les bassins du Rhône et de la Saône, pour toutes les parties supérieures à la ville de Lyon, ont une superficie de 53,650,000,000 mètres, quand la superficie du bassin de la Meuse, en remontant jusqu'aux Vosges, est de 3,104,000,000 mètres, ce qui établit que le bassin de la Meuse est au bassin du Rhône (pour la seule partie située au-dessus de Lyon), dans le rapport de 31 à 536, ou, pour abréger, de 3 à 53. D'après ces données générales, les digues transversales, supposées retenir, dans les vallées de la Saône et du Rhône, une hauteur générale de 0,50 centimètres d'eau, laisseraient à l'inondation, pour les parties inférieures à la ville de Lyon, un cube de 3,309,261,099, ou de 3 milliards 309 millions 261,099 mètres cubes d'eau, portant en tous lieux la désolation.

Le bassin de la Loire, de la Haute-Loire à

l'Océan Atlantique, a une superficie totale de 137,025,000,000 mètres, quand la superficie totale du bassin de la Meuse n'est que de 3,104,000,000 mètres, ce qui établit que le bassin de la Meuse est au bassin de la Loire dans le rapport de 31 à 1,370, ou de 3 à 137. D'après ces données générales, les digues transversales supposées retenir, dans la vallée de la Loire, une hauteur générale de 0,50 centimètres d'eau, laisseraient aux inondations un cube de 8,554,127,747, ou de 8 milliards 554 millions 127,747 mètres cubes d'eau, quand, par mon système, ce même cube d'eau serait employé en fécondes irrigations.

Les calculs qui précèdent, démontrent l'insuffisance des digues transversales, et, au sujet des désastres occasionnés par les inondations et du colmatage des vallées, nous ajouterons que nous ne comprenons pas que l'autorité ne porte pas son attention sur le travail continuel de la dénudation des montagnes et des plateaux supérieurs, dont les limons exhaussent le sol de nos vallées, causent l'envasement des fleuves et obstruent leurs embouchures dans la mer. Cette dévastation des points supérieurs est cependant un travail continuel qui appelle une réforme. L'appauvrissement du sol est cependant la conséquence de la dénudation des plateaux supérieurs et quand on s'occupe de la grande question des irrigations, personne ne pense à généraliser cette irrigation et à la porter d'abord aux points élevés, aux points arides, pour y répandre la vie et la fécondité ; on ne pense qu'à l'irrigation des gorges et des vallées, où les eaux se portent avec trop de facilité et surtout avec trop de promptitude.

Il est temps de porter ses regards vers l'agriculture et de faire en sorte que la France ne soit plus tributaire de l'étranger dans des moments de disette, qui devraient lui être inconnus. Quand une fois, par l'adoption de notre système, nous exporterons des blés au lieu d'en importer, notre numéraire passera moins à l'étranger et la France prendra la place qui lui appartient, car, entre tous les pays du monde, la France doit occuper le premier rang comme puissance agricole.

La France est un pays où l'on parle beaucoup des irrigations et où leur bienfait est à peine connu, et la France est cependant un des pays du monde où l'irrigation peut en quelque sorte être généralisée à peu de frais, car la quantité d'eau moyenne qui tombe annuellement à Paris est de 53 centimètres seulement, quand elle est de 0,95 c. à Naples, de 2,05 centimètres à Calcutta, et de 3,08 centimètres à Saint-Domingue.

Les documents exacts nous manquent, pour apprécier avec certitude la valeur nouvelle qui peut être obtenue par l'introduction de mon système d'irrigation, et, sous ce rapport, nous devons, à un travail de M. Hervé, des chiffres que nous croyons devoir adopter. Ils sont puisés des opérations traitées, en 1842, à la demande de M. Tessier, préfet du département du Var, par M. Bosc, géomètre en chef du cadastre, et l'on sait que, dans cette administrationon, apporte beaucoup d'exactitude dans les opérations et dans les calculs. M. Bosc a estimé que la plus value donnée aux terres soumises à l'irrigation *est de 144 fr. 50 c. de revenu net par hectare*. Ce géomètre réduit ensuite ce taux de plus value à 100 fr., afin de rester au-dessous de la vérité, et il ajoute qu'il répond, au taux de 4 p. %, à un capital de 2,500 fr. par hectare. Malgré la sévère exactitude de ces calculs, nous nous garderons, comme on le verra bientôt, de nous en servir dans nos appréciations générales.

La superficie totale de la France étant de 51,500,000 hectares.

Elle se répartit comme suit :

Surfaces cultivées. . . .	49,500,000 h.	51,500,000 h.
Autres surfaces.	2,000,000	

Les surfaces cultivées se subdivisent comme nous allons l'indiquer :

1° Céréales.	14,000,000 h.	49,500,000 h.
2° Prairies naturelles et artificielles, pâturages et jachères. . .	21,000,000	
3° Cultures diverses . .	3,500,000	
4° Vignes.	2,000,000	
5° Bois et forêts.	9,000,000	

Sur ces 49,500,000 hectares, pour rester bien au-dessous de la vérité, si nous en supposons seulement 25,000,000 soumis à l'irrigation, en leur appliquant, d'après M. Bosc, une plus value de 100 fr. seulement de revenu, au lieu de 144 fr. 50 de revenu net par hectare, il en résultera pour toute la France une augmentation de revenu de 2 milliards 500 millions de francs, mais nous ne voulons pas même élever aussi haut nos appréciations, nous nous bornerons à apprécier l'augmentation moyenne du revenu net à 50 francs seulement par hectare, et, pour les 25,000,000 d'hectares à se mettre à l'irrigation, cela produirait 1 milliard 250 millions de francs de revenu net, en plus, par chaque année écoulée. Un pareil résultat serait celui produit par l'application de notre *système d'irrigation;* qu'on y ajoute ensuite, par la pensée, l'augmentation qui sera produite par notre *labourage horizontal* et par nos *plantations faites* en *tranchées* ou *rigoles*, et l'on sera contraint de reconnaître que notre nouveau système de culture mérite d'attirer l'attention du Gouvernement.

RÉFLEXIONS COMPLÉMENTAIRES.

A la suite de dommages et de dévastations causées à des propriétés, par des débordements, j'ai été chargé, par les arrêtés de MM. les Préfets du département de la Meuse, des 20 septembre et 5 octobre 1824, 14 janvier et 24 décembre 1825, 10 juin 1826, 27 juin et 24 juillet 1827, des études et des travaux à faire, et principalement du curage et du redressement de plusieurs parties du lit des rivières de la Saulx, de la Chée et de l'Ornain, et c'est dès cette époque que, tout en réalisant la mission qui m'était confiée par l'administration, j'ai été conduit à faire l'étude des travaux à exécuter pour mettre un terme aux désastres causés par les inondations. J'ai commencé par m'occuper du système des digues, de la disposition la plus avantageuse à leur donner, et de leur système de construction le plus solide ou le moins dispendieux, mais j'ai bientôt abandonné toutes ces études, quand j'ai reconnu que plus on défend, au moyen de digues, une localité donnée, contre l'invasion des eaux, plus on aggrave la servitude des fonds supérieurs ou inférieurs et plus on expose les lieux défendus à des désastres, car, plus le système des digues est complété et étendu, et plus les digues ont de hauteur, plus on élève le niveau des eaux des inondations et plus on augmente la force du torrent auquel on cherche vainement à opposer une barrière.

Ces premières réflexions, qui datent de 1824, ou de près de trente-quatre années, m'ont conduit à m'occuper de l'étude de la superficie relative des *bassins* et des *vallées*, afin de reconnaître si des digues peuvent réellement être opposées à la fureur des flots pour lutter contre les inondations, et c'est dès cette époque que j'ai successivement établi mes calculs au sujet de la rivière de Saulx, de l'Ornain et puis de la Meuse, calculs qui m'ont fourni la démonstration que les vallées sont aux bassins dans les rapports de 1 à 10, ou de 1 à 13 dans l'étendue du département de la Meuse; l'eau produite par les bassins s'agglomère donc dans les vallées de manière qu'une chute d'eau pluviale de dix centimètres seulement dans l'étendue de l'un des bassins doit produire nécessairement, dans la vallée correspondante, une inondation de 1 mètre de hauteur, ou de 1,30, en supposant la vallée parfaitement horizontale dans toute sa superficie, ce qui est contre nature; dès lors, en tenant compte des pentes ou de l'inclinaison du sol dans le sens transversal et dans le sens longitudinal, en tenant compte de la vitesse acquise par les eaux, on est contraint de reconnaître que le système des digues, qui peut contenir les eaux en temps ordinaire, sera toujours impuissant pour résister aux inondations extraordinaires, dont il est d'ailleurs impossible de prévoir la puissance de destruction.

Convaincu, par ces premiers travaux traités dans la Meuse, de l'inutilité des digues, surtout pour les vallées si exposées de la Loire, de la Saône, du Rhône, etc., je me suis livré à l'examen du système des bassins, ou des réservoirs protecteurs, auxquels on est revenu depuis, en croyant pouvoir *emmagasiner les eaux* en temps d'orage, pour régulariser le cours des fleuves et empêcher les inondations, et, m'occupant avant toutdes données générales, j'ai reconnu que ce système des bassins n'est pas plus acceptable que le système des digues. Raisonnant sur une chute d'eau de 0,10 centimètres en 24 heures, sur un terrain donné, il est positif que chaque mètre superficiel de terrain reçoit, en ces moments, dix centièmes de mètre cube d'eau. En tenant compte des inclinaisons générales du sol, il est indubitable que, pour ne pas interrompre les communications, pour éviter les escarpements trop prononcés sur la rive des réservoirs protecteurs et les immenses travaux qui en seraient la conséquence, on ne peut porter la hauteur d'eau de ces réservoirs, en moyenne, qu'à un mètre de hauteur. Il résulte de ces données positives, que chaque mètre superficiel des réservoirs protecteurs n'*emmagasinera* que les eaux produites sur dix mètres superficiels de terrain; il faudra donc, d'après ces données pratiques, un mètre de réservoir pour dix mètres de terrains en cultures diverses, il faudrait donc transformer le 10e du territoire de la France en réservoirs, et comme sa contenance totale est de 51,500,000 hectares, pour être prêt, sur tous les points, à recueillir les eaux pluviales tombées en 24 heures, il faudrait acquérir et enlever à la culture, 5,150,000 hectares de bons terrains pour les transformer en réservoirs. Si l'on ne généralise pas la mesure, certains points resteront abandonnés tandis que d'autres seront protégés, ce qui est inacceptable. Non-seulement il y aurait à tenir compte de l'enlèvement de ces 5,150,000 hectares à l'agriculture, — de l'influence que ces réservoirs, qui occuperaient en superficie le dixième du territoire, auraient sur la salubrité publique, étant en eau, ou à sec, et parfois transformés en marais infects, — mais, sous le seul rapport de la dépense, ce système est inacceptable, car elle se composerait de l'acquisition de 5,150,000 hectares, et des travaux d'art pour l'établissement de ces bassins et pour le déplacement des cours d'eaux et des voies de communication sur un dixième de la superficie de la France!

Le système des digues à établir transversalement à la direction des cours d'eaux ne peut pas plus être accueilli, comme nous l'avons démontré, dans le cours de ce travail, par des chiffres incontestables. Nous avons en outre démontré que les digues transversales érigeraient le colmatage des vallées en système, ce qui conduit à dévaster, à dénuder les montagnes et les plateaux supérieurs, — à enfouir, dans nos riches vallées, de magnifiques récoltes sur pied, — enfin à superposer inutilement dans les vallées des couches successives de dépôts limoneux ou alluvionnaires, quand la seule couche supérieure peut être mise en rapport. Tous ces résultats, contre nature, ne peuvent être accueillis, ils doivent faire place à des travaux mieux conçus, plus réfléchis, à des *travaux préventifs*, c'est-à-dire qui empêchent la formation des torrents, tout en réalisant un progrès en agriculture, ce qui est assurément une méthode nouvelle.

C'est, comme on vient de le voir, à la suite de travaux faits sur le terrain, à la suite d'études suivies, que j'ai été conduit à combattre, dans tous les temps, et toujours, *les travaux défensifs*, aussi coûteux qu'ils sont dangereux, pour arriver à les remplacer par mon système complet de *travaux préventifs*.

Le reboisement des montagnes ayant été présenté comme étant le meilleur travail à encourager pour combattre le fléau des inondations, je me suis occupé de recherches à ce sujet et, les documents de l'histoire à la main, il m'a été démontré que le déluge de 580 et les cinq inondations de 585 à 592, qui dévastèrent l'Auvergne et la ville de Lyon, — la terrible inondation de la Loire de 966, — les trois années d'inondations incessantes de 1030 à 1032, qui empêchèrent d'ensemencer un sillon, — le renouvellement d'un pareil déluge en 1108, — les inondations extraordinaires de 1175, de 1196 et de 1226, — enfin le déluge épouvantable de 1570, surpassèrent en désastres tout ce qui nous a frappé de stupeur au 19e siècle, et les mesures prises et constatées par les documents statistiques fournissent la preuve que la hauteur des eaux des grandes inondations a diminué de 1615 à 1740 et de 1740 à 1802.

Dès que les faits historiques et statistiques démontrent que les inondations n'ont été ni plus étendues, ni plus dévastatrices depuis le déboisement de la France, quand il est avéré que les bois contribuent à retarder la marche des eaux pluviales, nous nous sommes dit qu'une autre cause avait dû contribuer à absorber les eaux, et nous avons fini par découvrir cette cause dans le défrichement des terres et la mise en culture des bois défrichés; effectivement, et c'est un fait qui n'a pas été observé, c'est que les perfectionnements agricoles ont eu lieu et se sont développés à mesure que le déboisement s'est opéré en France. Ma principale découverte consiste donc à avoir reconnu que *c'est en introduisant en France une agriculture raisonnée, et en l'étendant à tous les points, qu'on supprimera le fléau des inondations*. Cette première découverte a ouvert un nouveau champ à mes recherches.

D'abord j'ai parcouru les bois et les forêts pendant les orages et durant les saisons pluvieuses, et j'ai reconnu, en toutes circonstances, que le sol des bois n'a pas la perméabilité qu'on lui suppose généralement, et si les eaux pluviales y sont attardées dans leur cours, cela est dû à ce que ces eaux sont tenues en suspension entre les herbes, les feuilles sèches, les brindilles, etc., dont le sol des bois est couvert; ces dépôts forment autant de barrages partiels et j'ai reconnu que les forêts, dont le terrain est *horizontal*, présentent surtout le précieux avantage de retenir les eaux pluviales et de permettre en partie leur absorption par le sol; c'est au point qu'après de fortes pluies, ces bois sont peu praticables, tant ils retiennent et conservent les eaux pluviales. Dès que le sol des bois a une légère inclinaison, ils ne conservent plus les eaux pluviales et elles s'en dégagent avec une promptitude en rapport avec l'inclination du terrain. Pour les bois situés sur les versants des coteaux ou des montagnes, ce serait une erreur de croire qu'ils contribuent à absorber les eaux pluviales, nous avons constaté, au contraire, que les eaux pluviales s'y écoulent avec rapidité, en cascades, en tassant le sol, et que les eaux y entraînent, dans leur cours précipité, tout ce qui devrait contribuer à les retenir. Nous classons donc les bois, sous le rapport de leur influence sur les inondations, en deux catégories bien distinctes, *les bois sur les terrains horizontaux et les bois sur les terrains en déclivité*. La première catégorie seule retient les eaux pluviales et en absorbe une partie.

Après nos explorations dans les forêts, nous avons fait l'examen des terrains cultivés, et nous avons reconnu qu'eux aussi doivent être classés en deux catégories, *les terrains à disposition horizontale et les terrains en déclivité*. Comme pour les forêts, la première catégorie, à disposition horizontale, cela est incontestable, est celle qui retient les eaux pluviales et en absorbe une partie.

Ces études nous ont fait accueillir comme l'une des bases de nos travaux préventifs, contre les inondations, de ramener les plantations et les cultures à la disposition horizontale, c'est ce qui a donné naissance à notre invention *du labourage horizontal et à nos plantations en tranchées ou rigoles.* Tel est le but; mais, dans la pratique, dans l'application, on comprend que les choses seront prises dans l'état où elles se trouvent, et que, par le labourage et par la culture, on modifiera progressivement la disposition première du terrain de manière à arriver un jour au but cherché. Il résulte de ce que nous venons de dire que, pour arriver à réaliser facilement, et sans frais, notre système de labourage, nous avons emprunté *au labourage en billon* son moyen de déplacement de la terre, mais, au lieu de l'enlever, vers la raie ou rigole, pour la reporter à l'ados du champ, nous faisons, au contraire, enlever la terre à la partie supérieure du champ pour la reporter à la partie inférieure, afin de l'exhausser, et pour arriver, par la succession des labours, à procurer au champ la disposition horizontale, ou celle qui est la plus favorable sous tous les rapports.

Ainsi, dans le système des travaux *préventifs* que nous introduisons, la disposition horizontale est celle à laquelle il faut viser en toutes circonstances, afin de retenir les eaux et de faciliter leur absorption, et chaque fois que cette disposition générale ne pourra être obtenue, on cherchera à établir des retenues, divisant le terrain par étages, ou par planches, comme dans le labourage à plat usité dans les contrées où l'agriculture est en progrès.

La disposition horizontale des cultures et des plantations, et les retenues établies sur tous les terrains en déclivité, conduiront à retenir, sur chaque propriété, les eaux pluviales produites, pour tout le temps utile, et dès lors, on le comprend, ce système conduit à proprement parler à la *transformation des inondations en de fécondes irrigations*, puisque les torrents ne pourront plus se former dans les gorges de déjection pour aller ensuite dévaster les vallées, et c'est assurément l'un des points saillants de notre invention.

Au moment ou le cultivateur aura reconnu que l'irrigation de son champ a été assez prolongée, il lui suffira, au moyen de quelques coups de bêche donnés dans le bourrelet de retenue deseaux, de permettre leur écoulement dans les rigoles ménagées au pourtour de la propriété, et les eaux iront alors féconder les plantations qui y seront disposées, comme nous l'avons indiqué, dans des tranchées ou rigoles, qui seront étudiées de manière à déverser les eaux, au moment utile, vers les terrains inférieurs. Nos tranchées ou rigoles multipliées auront l'avantage de faciliter l'absorption des eaux de l'irrigation par les sous-sols, quand cette absorption sera favorable à la culture, et, dans le cas contraire, les eaux de l'irrigation, après un court séjour, seront dirigées vers les terrains inférieurs. Par ce que nous venons de dire, on comprend que les opérations si coûteuses du drainage vont être en partie supprimées, et que notre invention, qui introduit *l'irrigation directe* des terrains, par le fait de la chute des eaux pluviales, et qui réalise l'irrigation sur les plâteaux et sur les montagnes, où personne n'avait songé à l'introduire, va multiplier partout le rapport, ou le produit net des cultures, *par l'emploi utile des eaux pluviales.*

Notre invention produit donc la suppression des inondations, et le remplacement des travaux d'art si coûteux, ou des digues insubmersibles, des barrages, etc., par une culture perfectionnée introduite sur tous les points sans exception, par des travaux bien conçus et peu coûteux, qui produisent l'irrigation directe de toutes les cultures par le fait de la chute des eaux pluviales, et ce système général aura pour résultat indispensable d'augmenter le revenu net de la propriété : la fortune publique s'accroîtra donc à mesure que le fléau des inondations disparaîtra.

F. D'OLINCOURT.

DEUXIÈME BREVET D'INVENTION,

DE 15 ANNÉES,

Pris en France, sous le titre de : *L'Agriculture rendue florissante par l'emploi des eaux pluviales, ou Moyens simples et pratiques de réaliser le système perfectionné de labourage horizontal, le nouveau système de plantations irriguées, et les bassins irrigateurs.*

Notre nouveau système de culture, qui tend à augmenter le revenu de la propriété, en supprimant le fléau des inondations, se réduit à employer utilement les eaux pluviales, tant sur les terrains élevés que dans les vallées, ce qui est un principe nouveau en rapport avec les lois naturelles ou celles du Divin législateur des mondes, et, ce que nous considérons comme essentiel pour que le nouveau système se répande promptement partout, c'est qu'il soit simple, facile, à la portée de tous, qu'il puisse être employé presque sans dépense, en faisant usage des instruments ou outils que le cultivateur possède, et toutes ces choses sont obtenues ou réalisées par nos procédés, en sorte que, sans plus de dépense, par des travaux à la portée de tous, l'irrigation sera introduite partout, et chacun pourra, par une culture perfectionnée et par des plantations faites avec intelligence, augmenter son revenu.

En agriculture, nous le savons, les innovations s'adoptent très-lentement, et c'est peut-être un bien, nous ne pouvons donc avoir la prétention de faire adopter partout et par tous notre nouveau système de culture dans toutes ses conséquences, c'est ce qui nous a conduit à le fractionner, pour son introduction pratique, en quatre parties que je vais décrire par ce nouveau brevet, qui contiendra dès lors les notions véritablement pratiques par lesquelles nous espérons faire accueillir et employer nos procédés. Si notre premier brevet pris indique les bases générales de notre système et l'ensemble des opérations agricoles que nous proposons, celui-ci donne toutes les notions pratiques utiles pour réaliser notre système, et il présente le grand avantage du fractionnement des opérations en quatre parties bien distinctes : I. *Moyens pratiques de réaliser l'irrigation par les eaux pluviales* ; II. *Moyens pratiques de réaliser le labourage horizontal* ; III. *Moyens pratiques de réaliser les plantations irriguées* ; et IV. *Moyens pratiques de réaliser le système des retenues pour la conservation des eaux*. Par ce fractionnement de notre système en quatre opérations distinctes nous croyons en faciliter beaucoup l'adoption, car celui qui ne voudrait pas l'accueillir en entier, sera libre de l'adopter en partie, soit pour irriguer ses propriétés, soit pour améliorer son système de labour, soit pour réaliser nos plantations irriguées, soit enfin pour adopter seulement notre système de retenue des eaux. Par chacune de ces opérations on sera conduit à reconnaître toute l'utilité de nos procédés, et, tôt ou tard, par les exemples donnés, par le désir d'augmenter le rapport de ses propriétés, on sera naturellement amené à employer tout notre nouveau système de culture, dont toutes les parties sont naturellement liées entre elles par les mêmes principes.

I.

Moyens pratiques de réaliser l'irrigation par les Eaux pluviales.

L'eau est un puissant élément de fortune pour le cultivateur, et c'est par l'irrigation du sol qu'on en obtient les plus fructueuses récoltes, aussi est-il important de répandre l'irrigation sur tous les points, et mon invention la réalise sur les plateaux comme dans les vallées, en sorte qu'il n'est pas un point du globe où l'on ne puisse, à l'avenir, réaliser l'irrigation par la chute des eaux pluviales.

Au lieu de produire les irrigations au moyen de *l'eau agglomérée*, ce qui nécessite des travaux très-coûteux en canaux, en moteurs, etc., je la produis, sans frais, par le fait de *la chute des eaux pluviales*, que j'applique immédiatement aux cultures, par la formation de *bassins irrigateurs*.

Ces bassins seront formés en retenant partout les eaux pluviales pour donner une nouvelle valeur aux terrains. Nos retenues, nous l'avons dit, seront faites par un bourrelet en terre, mais, en application, nous ajouterons qu'elles devront être calculées de manière à ne pas gêner les transports, ou le passage des attelages, ce qui est une réserve importante ; d'ailleurs, en ne donnant généralement que 0, 10 centimètres de hauteur à nos bourrelets de retenue des eaux, on produira ce que les bons agriculteurs ont reconnu être l'irrigation qui facilite le plus la végétation. On conçoit que la hauteur de nos retenues peut varier en raison de la perméabilité ou de l'imperméabilité du terrain.

Si la propriété à livrer à l'irrigation est horizontale, il suffira d'établir tout au pourtour un tertre ou bourrelet en terre de 0, 10 centimètres de hauteur pour y conserver toutes les eaux pluviales et faciliter leur lente imbibition dans le sol. Ce travail peut s'exécuter soit à la charrue, soit à la pelle ou à la bêche, suivant la nature du sol. Quand le sol sera compact et résistant, il suffira de donner à ce *bourrelet* un ou deux décimètres de largeur pour qu'il retienne parfaitement les eaux ; en d'autres circonstances, on pourra donner plus de largeur à ce bourrelet, ou tertre, de manière à ce qu'il puisse être employé comme un sentier.

Ainsi, au lieu de borner les terrains par une rigole d'écoulement, ou au lieu d'avoir, aux limites des propriétés, une raie pour l'écoulement des eaux, nous y établissons un tertre ou bourrelet pour empêcher les eaux pluviales de s'écouler, et c'est par cette application d'un *bourrelet*, au lieu d'une *raie d'écoulement*, que l'irrigation sera introduite partout, et que les parties les plus élevées des montagnes verront leurs récoltes assurées comme elles le sont aujourd'hui dans nos vallées.

Nos *bourrelets*, suivant l'usage auquel on les destine, ou suivant la nature du sol, ou des matériaux employés pour les exécuter, varieront dans leurs dimensions et dans leur forme, qui sera quadrangulaire, prismatique, pyramidale, arrondie, ou élevée comme les bornes, avec talus intérieurs et extérieurs suivant les cas.

Quand les terrains se surmonteront en amphithéâtre, par terrasses successives horizontales, chaque terrasse formera un bassin irrigateur par le simple établissement du bourrelet décrit.

Quand les terrains seront inclinés, à la partie inférieure des champs, les *bourrelets* ou *tertres* devront, on le conçoit, avoir une plus forte élévation, en raison de la pente du sol, car, dans ce cas, si l'inclinaison du champ est de vingt-cinq centimètres, on comprend qu'il faudra donner au *bourrelet* 0^{m} 25 de hauteur pour retenir les eaux pluviales, et, dans cette disposition, quand le bassin irrigateur sera plein, la hauteur de l'eau, qui sera de vingt-cinq centimètres à la partie inférieure du champ, se réduira à zéro à la limite supérieure du même champ, alors les eaux contenues par ce *bassin irrigateur* auront une hauteur moyenne de 0^{m} 125.

Par les données qui précèdent il sera toujours facile de calculer la hauteur à donner aux *bourrelets* de retenue des eaux. Quand on voudra diminuer la hauteur des *bourrelets*, il suffira de diminuer leur espacement.

Il faudra toujours tenir compte de la nature du sol, car dans les terrains meubles ou très-perméables, et qui absorbent les eaux pluviales à mesure de leur chute, on conçoit que la hauteur des *bourrelets* de retenue pourra être diminuée.

Quand l'irrigation aura produit tout son effet, et que le cultivateur voudra la discontinuer, il lui suffira d'ouvrir, à la bêche, le bourrelet en un point, pour donner aux eaux un écoulement et leur permettre de descendre sur les sols inférieurs ; on pourra d'ailleurs établir, si l'on veut, à cet effet, une vanne soit en planche, soit même en fonte, le tout maintenu par de la maçonnerie, ou un bâtis en bois, ou même en fonte, car rien ne peut empêcher, pour les grandes et riches cultures, d'établir ainsi des vannes de décharge fixes, quand, dans les cultures ordinaires, il suffira de placer une planche, qu'on puisse enlever à volonté, ou quand le simple coup de bêche indiqué produira aux eaux l'écoulement voulu.

Nous devons faire ici la remarque qu'il existe des cas où, sur les terrains en déclivité, la forme à donner aux bassins irrigateurs demande à être réfléchie, car cette forme doit être indispensablement calculée de manière que la hauteur du *bourrelet de retenue* placé à la rive inférieure du terrain oblige les eaux à couvrir toute la superficie du sol qu'on veut irriguer.

Au point où la culture ne pourrait en souffrir, ou quand une irrigation plus abondante sera désirée, rien n'empêchera de donner une plus grande hauteur à nos *bourrelets de retenue des eaux;* mais, partout elle devra être réglée de manière qu'elle puisse contenir les dix centimètres d'eaux pluviales qui peuvent être produits, dans nos contrées, en vingt-quatre heures.

Nos bourrelets de retenue seront généralement formés en terre; ils pourraient être faits en maçonnerie, et l'on pourra surtout en former de solides par un clayonnage, garni sur l'une de ses faces, ou sur les deux, d'un solin ou bourrelet en terre, qu'on pourrait même, suivant les localités, faire en mortier ou en plâtre; et si nous indiquons ces divers moyens de former nos retenues, c'est pour qu'on puisse au besoin diminuer autant qu'il est possible la largeur de ces retenues pour laisser tout le terrain à la culture.

Plus la largeur des *bourrelets* sera réduite, plus on pourra multiplier ces bourrelets, et dès lors réduire leur hauteur, c'est un point important sur lequel nous ne saurions trop appeler l'attention des cultivateurs qui voudront accroître rapidement le rapport de leurs propriétés. C'est peut-être le moment d'ajouter que des fossés ou des rigoles établis aux limites des propriétés, surtout sur les parties formant berges, seraient bien utilisés en y faisant des plantations, comme nous l'indiquerons plus loin, car ces fossés ou rigoles recevraient les eaux et les utiliseraient après qu'elles auraient été employées à l'irrigation des cultures.

En dehors des bassins irrigateurs qui viennent d'être décrits, nous recommanderons à MM. les administrateurs des communes de conduire l'étude et les travaux des voies vicinales et d'exploitation de manière à diviser les eaux produites par les orages en des bassins séparés, qui seraient, dans ce cas, des réservoirs protecteurs. La hauteur des voies de communication devra être calculée dans ce cas sur le cube d'eau qui peut être produit par les terrains supérieurs.

Par ce qui précède, nous avons fait connaître comment l'irrigation pouvait être introduite partout en employant les terrains dans leur disposition actuelle, sans la modifier; mais, dès que ces terrains auront été ramenés à la disposition horizontale par notre nouveau système de labour, on conçoit que l'irrigation des champs, par les eaux pluviales, en sera une conséquence naturelle et s'obtiendra presque sans travail. Effectivement, dans ce cas, par suite de l'emploi du *labourage horizontal*, il suffira de borner le terrain réservé à la culture par un bourrelet en terre de dix centimètres de hauteur pour transformer tout le champ en un *bassin* ou *réservoir irrigateur*, où le cultivateur pourra conserver les eaux recueillies lors des pluies tant qu'il en reconnaîtra l'utilité.

Au moment où il voudra faire cesser l'irrigation, en tout ou en partie, il n'aura qu'à ouvrir le bourrelet, au moyen de la bêche, au point qui était primitivement le point le plus élevé, et, comme c'est de ce point que nous proposons de faire partir, sur les berges, à droite et à gauche, des rigoles ou fossés qui seront plantés, comme nous l'indiquerons, on leur donnera une pente réglée en rapport avec la hauteur des berges, et cette disposition permettra aux eaux qui auront servi à l'irrigation de la partie cultivée, de s'échapper et de s'épandre, à droite et à gauche, dans les rigoles indiquées au pourtour de la propriété. Là, les eaux seront utilisées à leur passage, pour irriguer les plantations, et pénétrer dans le sous-sol, et le surplus se déversera sur les terrains en aval par un petit canal ménagé transversalement sur la berge inférieure, et ce petit canal aura, à cet effet, diverses ouvertures ou décharges sur sa rive inférieure pour déverser les eaux lentement sur le terrain voisin, comme elles y arrivaient avant l'emploi du *labourage horizontal*, afin de ne pas aggraver la servitude de l'écoulement naturel des eaux pluviales.

L'ouverture pratiquée dans le bourrelet de terre circonscrivant le sol réservé à la culture permettra, cela se comprend aisément, de recueillir par ce point les eaux qui proviendraient des terrains supérieurs, ou en amont, pour les employer à l'irrigation. Dans ce cas, on empêcherait ces eaux de se déverser dans les canaux ou rigoles des plantations, en obstruant, ou barrant leur entrée supérieure par une pellée ou pelletée de terre.

Ainsi, par notre système d'irrigation, les eaux pourront s'élever partout, sur les parties réservées à la culture, à 10 centimètres de hauteur, cette irrigation sera égale sur toute la superficie des champs, elle sera produite sans tasser le sol, puisque l'eau y sera à l'état de repos, dès lors la terre restera meuble, parfaitement perméable, ce qui facilitera l'imbibition de l'eau dans le sol de la manière la plus favorable à la végétation.

Comme la question des transports, ou du passage des attalages ne peut être négligée, nous ferons remarquer ici que notre système est, sous ce rapport, beaucoup plus favorable que le billonnage, dont les différences de niveaux sont, de l'ados du champ au fond de la raie d'écoulement des eaux, de 50, de 60, 70, ou même 80 centimètres, tandis qu'en reportant, dans notre système, le point de l'entrée et de la sortie des propriétés à leur partie la plus élevée, nos défauts de niveaux ne seront jamais de plus de 10 centimètres, car, pour ce point, c'est la hauteur peu variable fixée pour nos bourrelets de retenue des eaux. Ainsi, dans notre système, les transports s'exécuteront toujours avec facilité, quand, par le labourage en billons, les transports s'effectuaient souvent avec de grandes difficultés.

II.

Moyens pratiques de réaliser le Labourage horizontal.

Par l'étude des méthodes de culture en usage, on est conduit à reconnaître que la disposition horizontale du sol est la seule qui soumette toutes ses parties à la même influence du soleil, la seule qui facilite l'absorption de l'eau et qui permette l'irrigation avec une action égale de l'eau sur tous les points, aussi ai-je reconnu, par l'étude des systèmes de labourage connus, qu'il était nécessaire, indispensable, d'en introduire un nouveau, que j'ai appelé *labourage horizontal.*

L'établissement de mon système de culture horizontale peut s'obtenir, soit en réalisant cette heureuse disposition du sol par des travaux de déblais et de remblais traités avec intelligence, soit par des labours successifs, et, comme ce dernier moyen ne conduit à aucune augmentation des travaux ordinaires de la culture, c'est celui auquel on donnera généralement la préférence, cela est incontestable.

Notre labourage horizontal supprimera d'abord le billonnage, dans les contrées où il est en usage, pour opérer une première transformation sol, en le dressant en quelque sorte suivant les pentes naturelles du terrain, et, dans cette situation momentanée, le labourage en billons sera transformé en labourage à plat; puis, et parfois simultanément, le travail du labour sera dirigé de manière à reporter la terre vers la partie inférieure du sol pour l'exhausser, afin d'arriver, par la succession des labours, à donner la disposition horizontale à toute la partie du sol destinée à la culture.

Nulle disposition du sol ne produira mieux un bon labour, car, dans toutes les parties du champ, le soc de la charrue pourra, avec la même facilité, remonter la terre du fond de la raie à la surface, tandis que celle qui vient de produire sera entraînée au fond de la raie tracée.

Le bon ameublissement de la terre sera obtenu par la disposition horizontale donnée aux cultures, car, on le conçoit, par notre nouveau système, la terre sera toujours également bien préparée à recevoir le labourage, par la raison que les sols livrés à la culture n'auront plus de parties hautes et de parties basses, ou des parties où la terre est trop sèche et d'autres où la terre est trop chargée d'eau, ce qui est contraire à son bon ameublissement.

Par notre système de labourage, les engrais seront enfouis partout à une même profondeur; toutes les parties du sol recevront avec égalité l'action du soleil, de la rosée, des pluies, de la neige et de la gelée. Par les anciens systèmes de labourage, il n'en était pas ainsi, car dans le labourage en planches et dans le labourage en billons, il y avait nécessairement des parties hautes et des parties basses, des parties élevées et des parties où les eaux se portaient avec trop de facilité, ce qui était loin de produire une *égale répartition de la chaleur atmosphérique et de l'humidité des pluies*.

Le *labourage horizontal* que nous proposons n'a aucun des défauts des systèmes aujourd'hui en usage, il en réunit tous les avantages, et il est l'application directe des sains principes reçus en agronomie; mais ce qui doit surtout conduire à l'employer, c'est qu'il dispose les terrains de manière à ce que les cultures profitent autant qu'il est possible de l'action des eaux pluviales en facilitant leur introduction dans le sol, et qu'il permet l'établissement facile, sur tous les points, de *l'irrigation directe par la chute des eaux pluviales*.

L'effet général des terrains soumis au *labourage horizontal* est une succession de planches horizontales réservées à la culture, s'élevant en amphihéâtre, et séparées, en raison de l'inclinaison générale du terrain, par des talus qui seront cultivés et surtout plantés, suivant notre système, afin de ne laisser aucun espace du sol sans produire un rapport ou un revenu.

Quand il s'agit d'établir *l'horizontalité du terrain*, c'est le moment de faire précéder cette opération par l'étude du sous-sol de la propriété, afin de produire un labourage raisonné. Pour cela, on sondera avec la bêche, le haut et le bas de la propriété, et si le mélange du sous-sol peut améliorer le sol supérieur, on déterminera dans quelle quantité ce mélange devra être effectué, ce qui fixera l'épaisseur de la couche de sous-sol à ramener par le défoncement. Nous recommanderons de ne procéder à cette opération qu'avec prudence, et lentement, en opérant le mélange d'année en année.

Nous avons dit plus haut que par l'opération du labourage horizontal, la partie la plus basse des propriétés devant être remblayée ou exhaussée, il s'y établira un talus qui pourra être cultivé ou planté, et, si les terrains voisins, situés à la même hauteur, adoptent aussi le labourage horizontal, tous les terrains seront labourés à la même hauteur, et ils n'auront un talus qu'à la partie où les remblais se seront terminés. Dans le cas où un seul champ emploierait, dans la situation indiquée, le labourage horizontal, on conçoit qu'il aurait non-seulement le talus indiqué au point des plus forts remblais, mais qu'il aurait en outre, à droite et à gauche, ou sur les parties latérales du terrain, deux talus triangulaires élevés à la partie inférieure du terrain et se terminant en pointe vers la partie supérieure. Ces talus latéraux seront aussi cultivés ou plantés comme le premier talus qui a été décrit.

L'opération proprement dite du labourage horizontal conduira, au début, lors de l'adoption du système, à un déplacement de terre dans le genre de celui qui s'opère dans le labourage en billons, pour enlever la terre qui existe vers les parties latérales, où sont les raies de l'écoulement des eaux, pour la reporter et l'employer à la formation de l'ados des champs à l'axe du sillon; mais, dans notre système, la charrue, au lieu d'élever un ados à l'axe du champ par le moyen de la terre des rives latérales, élevera la partie inférieure du champ au moyen de la terre qui proviendra de sa partie supérieure. C'est un autre déplacement de terre, mais celui-ci produira d'immenses résultats favorables aux cultures. Notre déplacement de terre tend, nous l'avons dit, à niveler le sol et à lui donner, par une succession de labours, la disposition horizontale, chose nouvelle en agronomie, et dont on reconnaîtra plus tard les immenses résultats.

Dans l'opération pratique du labourage horizontal, la charrue commencera le travail à la rive inférieure de la propriété, en rejetant la première bande de terre en exhaussement du sol, et la charrue opérera successivement en traçant, alternativement, de droite à gauche, et de gauche à droite, des raies parallèles et juxta-posées, qui renverseront toujours la bande de terre vers la partie inférieure du champ, afin de ramener en définitive les terres supérieures vers le bas et d'y réaliser lentement un remblai, qui sera terminé par le nivellement horizontal de la propriété.

Ce labour sera surtout promptement et facilement réalisé par l'araire de la Colonie agricole et pénitentiaire de Mettray, près Tours (Indre et Loire), car son labour atteint 0,35 centimètres de profondeur et la bande de terre retournée a une épaisseur de 0,25. Nous devons à la bienveillante communication du digne directeur de Mettray, M. De Metz, la connaissance de l'invention d'un Régulateur à double effet qu'il adapte aux araires aussi bien qu'aux charrues à avant-train, et ce Régulateur permet de régler et de varier la profondeur et l'épaisseur du labour, sans arrêter les chevaux, on peut donc ainsi diminuer à volonté, et progressivement, les dimensions de la bande de terre retournée. Quand l'araire de Mettray est employé comme charrue pour le défoncement, il exige une force de 3 chevaux ou de 4 bœufs; il peut même être utile d'employer une force plus considérable dans les terrains très-compactes. Enfin les araires et charrues de Mettray tournent avec facilité, en pivotant sans aucun effort sur la pointe du soc, ce qui permet de labourer des raies parallèles et juxta-posées, ou se joignant immédiatement, comme cela est nécessité par notre nouveau système de labour.

Quand on ne possédera pas l'araire de Mettray, et qu'on voudra arriver promptement au nivellement horizontal d'un champ et au mélange du sous-sol, on emploiera les défoncements à la charrue. La charrue à double soc pourra être employée pour ramener le sol inférieur de deux profondeurs à la fois, dont la seconde serait le double de la première, et, quand on ne possédera pas de charrue à double soc, on opérera les grands défoncements en faisant passer, à la suite l'une de l'autre, deux charrues à versoir dans le même sillon.

Tels sont les moyens pratiques par lesquels le labourage horizontal pourra être réalisé sur tous les points ; nous ajouterons seulement qu'il sera extrêmement utile de combiner le versoir de la charrue de manière qu'il retourne la bande de terre pour la poser obliquement, au lieu de la poser à plat ; cette disposition oblique de la bande de terre ramenée, laissant entre les bandes plus d'espaces vides, pour la circulation de l'air ou l'introduction de l'eau, cela produit un meilleur ameublissement de la terre.

Par l'emploi de notre système, et dès que les champs auront tous la disposition horizontale, nous espérons qu'on pourra diminuer le nombre des labours dans le rapport de 4 à 3.

III.

Moyens pratiques de réaliser les Plantations irriguées.

Dans notre système de culture, qui conduit à utiliser autant qu'il est possible les eaux pluviales, pour favoriser la végétation, nous ne pouvions négliger de chercher les moyens d'irriguer les plantations et de les multiplier sur tous les points; c'est ce que nous proposons de réaliser en plantant toutes les limites, ou toutes les berges, et en faisant les plantations dans des canaux, ou des rigoles, recevant les eaux, après leur emploi pour l'irrigation des cultures, afin de hâter la végétation des plants, arbres et arbustes, et de la rendre luxuriante, aussi sera-t-on conduit, après les premiers essais, à employer notre système de *plantations irriguées* sur tous les points, et principalement sur les espaces qui ne pourraient être livrés à la culture, car, en agronomie, il n'est pas un atome du sol qui ne doive être mis en rapport.

Toutes les plantations seront établies en quinconce, ou en échiquier, et toujours dans des tranchées, canaux, ou espèces de fossés ou rigoles, qui contiendront et conserveront les eaux pluviales au moment de leur chute, et qui seront disposés de manière à recevoir aussi les eaux qui auront d'abord été employées à l'irrigation de la partie des champs réservée à la culture. Ces canaux seront établis de manière à leur donner une légère inclinaison longitudinale pour faciliter l'arrivée de l'eau à chaque pied d'arbre; ainsi, au lieu de planter les arbres au niveau du sol, nous proposons de les planter sous le sol, au fond de rigoles d'irrigations, afin que chaque pied d'arbre soit un point d'arrêt pour les eaux à leur passage, ce qui facilitera l'introduction de l'eau, par les racines, qui deviendront de véritables conducteurs de l'humidité, et, par ce moyen, on le conçoit, une grande partie des eaux pluviales sera absorbée par les sous-sols.

Les rigoles que nous proposons auront le moins de largeur possible, et cette largeur obligée sera déterminée par la nécessité d'empêcher l'éboulement des talus : elle sera donc réduite au moindre terme, afin que les rigoles soient constamment entretenues dans un état de fraîcheur ou d'humidité, favorable à la pénétration de l'eau dans le sol.

La profondeur de nos rigoles variera à l'infini, et elle sera augmentée à chaque pied d'arbre, à cause de l'inclinaison longitudinale que nous proposons de donner aux canaux d'irrigation ; dès lors, le premier arbre planté à la partie supérieure, ou à l'entrée de la rigole, se trouvera seulement à quelques centimètres de profondeur sous le sol, c'est-à-dire, à dix ou douze centimètres, et le dernier arbre de la rigole sera planté le plus profondément possible, sans que cette profondeur puisse empêcher l'écoulement de l'eau sur les sols inférieurs. Il résulte de cette disposition, que tous les arbres, intermédiairement placés dans chaque rigole, entre le premier et le dernier, seront plantés à une profondeur plus grande en raison de leur éloignement de la naissance de la rigole. Ce que nous venons de dire démontre que la profondeur des rigoles sera déterminée par les lieux où elles seront établies.

La forme de nos rigoles, pour les plantations irriguées, sera celle d'une pyramide renversée, terminée en pointe, ou ayant un fond de la moindre largeur possible, dressé carrément, ou ayant une disposition circulaire, ou en cunette.

Par la disposition que nous donnons à nos rigoles, leur fond très-étroit conservera naturellement les feuilles sèches, les brindilles et détritus entraînés par les eaux, ce qui formera un crible par lequel les eaux seront maintenues en suspension pour faciliter leur imbibition dans le sol. On pourra d'ailleurs, au besoin, jeter dans les rigoles des branches d'épines, de légères fascines ou fagots de branchages, ou établir, en travers, de légers clayonnages, qui seront autant de barrages criblants, qui retarderont le cours des eaux et leur permettront de pénétrer plus facilement dans le sol et dans les sous-sols, et, le même moyen étant partout employé, les eaux infiltrées sous le sol arriveront plus tardivement aux sources qu'elles doivent alimenter.

Chaque arbre, nous l'avons dit, contrairement aux usages reçus jusqu'à ce jour, sera planté, sous terre, au fond de nos rigoles, en sorte que le pied de l'arbre sera toujours à l'humidité. Chaque arbre arrêtera l'eau à son passage, et sera dès lors soumis à son action de la manière la plus convenable, car les eaux, lors de l'irrigation, s'élèveront à plusieurs décimètres de hauteur dans les rigoles. Par cette disposition favorable, le pied de l'arbre aura toujours une féconde humidité, et l'infiltration lente de l'eau dans le sol, en la portant à toutes les racines, donnera un énergique développement à toutes les plantations.

Comme nous l'avons dit précédemment, nous réservons, dans notre système de culture, la partie la plus élevée des champs pour effectuer les transports, ou pour le passage des attelages, aussi faudra-t-il se dispenser de planter, en ce point, la largeur nécessaire d'une voie, pour permettre l'entrée ou la sortie de chaque propriété.

IV.

Moyens pratiques de réaliser le système des Retenues pour la conservation des eaux.

Dans les localités où l'on ajournerait l'emploi de notre système de labourage horizontal, de nos plantations irriguées, ou l'emploi de nos bassins irrigateurs, par des motifs que nous nous dispenserons de chercher, nous conseillerons l'adoption du système de retenue des eaux par l'établissement, sur tous les points, de légers barrages, qu'il sera toujours facile de former par des clayonnages établis où il y a inclinaison du sol plus ou moins forte. Par ce moyen, la retenue des eaux sera opérée, sans rien modifier à la disposition des lieux.

Pour les terrains horizontaux et facilement perméables, un simple sillon, tracé à la charrue, en reportant la terre vers le point supérieur, formera un suffisant arrêt pour les eaux.

Quand il y aura utilité, on augmentera les dimensions de cet arrêt des eaux, soit à la charrue, soit à la pelle.

Pour les terrains en déclivité, nos retenues seront souvent simplement formées par des haies-sèches, surtout composées de bois épineux; en d'autres localités, on emploiera des échalas, maintenus au moyen de fils de fer; ou des paillassons ordinaires en paille, ou formés avec des roseaux, avec le sorgho, ou avec des plantes aquatiques.

Quand les retenues seront formées par des haies vives, comme nous l'avons indiqué dans notre 1er brevet d'invention pris le 31 mai 1858, elles retarderont l'écoulement des eaux pluviales, retiendront partout les terres, et, avec elles, leurs humus et leurs engrais, et, afin que ces précieux résultats soient plus complétement obtenus, on devra garnir le pied des haies d'un bourrelet ou solin en terre peu perméable à l'eau, ou d'un paillasson de un à plusieurs décimètres de hauteur, suivant les inclinaisons du sol, et, par cette application nouvelle, on aura rendu le système des retenues extrêmement avantageux, puisqu'il pourra, à lui seul, produire l'irrigation des terrains. On conçoit que ce même moyen est applicable aux haies sèches, et aux clayonnages, dont nous ne saurions trop recommander l'emploi.

L'application nouvelle, que nous venons d'indiquer, devra être employée avec un immense avantage dans les jeunes plantations faites sur les terrains très-inclinés, où il est surtout utile d'empêcher les terres de descendre dans les vallées, et nous en recommandons l'emploi dans les sillons de peu de largeur, où le labourage transversal, ou perpendiculaire à l'écoulement naturel des eaux serait impossible; là, en multipliant les retenues, simplement en haies sèches, avec le bourrelet ou solin décrit au pied de la haie, non-seulement on retiendra les eaux pour faciliter leur imbibition dans le sol, mais ces haies sèches, en les élevant à la hauteur nécessaire, sans prendre de place et sans diminuer le rapport du terrain, auront l'avantage de rompre l'action des vents et des tourbillons, et d'empêcher les récoltes d'être couchées ou renversées, ce qui est tant redouté par le cultivateur.

Ce que nous recommanderons surtout,

comme une excellente *retenue*, c'est le clayonnage de quelques centimètres de hauteur. Quand il sera exécuté en brins de saule, il aura souvent l'avantage, dans les terrains où l'humidité sera suffisante, de donner naissance à une haie vive. Le clayonnage présente une grande solidité, parce que ses brins montants, pénétrant dans le sol à une grande profondeur, en assurent la conservation ; puis, les traverses horizontales, par leur enlacement autour des brins montants, forment un corps de tout le clayonnage, en sorte que toute la *retenue* présente une telle solidité qu'elle assure la conservation des terres, des humus et des engrais de la propriété qu'elles défendent. Le clayonnage, tel que nous le proposons, ne diminue pas les espaces réservés à la culture. Enfin ce clayonnage, intelligemment employé, peut réaliser partout des bassins irrigateurs et retenir toutes les eaux pluviales lors de leur chute, et, pour cela, il suffit de garnir le pied du clayonnage, sur une de ses faces seulement, ou sur ses deux faces, d'un bourrelet ou solin en terre bien tassée; il produira ainsi l'effet d'une digue parfaitement solide. Ces clayonnages, en leur donnant une plus grande hauteur au-dessus du sol, pourront être employés sur les terrains fortement inclinés, pour les vignes, pour les jeunes plantations, et, en les rapprochant en raison de la plus grande inclinaison du sol, ils en consolideront les terres, tout en réalisant les réservoirs irrigateurs si utiles à la végétation. Ce moyen facile, devrait être généralement adopté, puisqu'il peut, à lui seul, réaliser partout l'irrigation; retenir les feuilles, les terres, les engrais, les limons ou les terrains alluvionnaires, et les empêcher de descendre dans les vallées pour y occasionner des désastres par l'enfouissement des récoltes sur pied.

F. D'OLINCOURT.

FIN DE LA DEUXIÈME PARTIE.

TRANSFORMATION
DES INONDATIONS
EN DE FÉCONDES IRRIGATIONS,
OU
L'AGRICULTURE RENDUE FLORISSANTE
PAR L'EMPLOI DES EAUX PLUVIALES.

TROISIÈME PARTIE.

INSTRUCTION PRATIQUE,

OU

Application du nouveau système général d'irrigation, de culture et de plantation, devant produire, sur tous les points, l'emploi utile des eaux et par conséquent un immense essor donné à l'agriculture, en augmentant considérablement le revenu des propriétés.

I.

L'introduction d'un nouveau système en agriculture a toujours été l'œuvre des siècles, aussi avons-nous cherché à baser toutes choses, dans notre invention, de manière à simplifier le travail, à supprimer les dépenses, et à produire des bénéfices étendus, facilement réalisables, qui pussent déterminer les cultivateurs et les propriétaires à adopter le nouveau système qui doit, tout en donnant un *immense essor à l'agriculture,* faire disparaître les *inondations*, et dès lors *leurs désastres et leurs victimes*.

Une des premières conditions à remplir pour faciliter l'adoption d'un système nouveau en agriculture, c'est assurément de le mettre à la portée de toutes les intelligences, de manière que celui qui est appelé à en faire usage le comprenne aisément; il faut encore qu'il puisse l'adopter et l'employer au moyen de ce qui est sous sa main, avec les instruments ou outils qu'il possède, et sans qu'il soit conduit à faire des dépenses que l'habitant des campagnes n'est pas toujours en situation de faire.

Sous tous ces rapports, notre invention a atteint le but, et, comme on le verra bientôt, tout y est réduit à des travaux de terrassement et de labourage, qui s'exécutent avec la bêche et la charrue en usage dans le pays.

L'adoption du nouveau système de culture n'oblige donc à aucune acquisition d'instruments ou d'outils nouveaux; le travail de la culture n'est pas augmenté ; et cependant le produit ou le rapport de la propriété sera beaucoup plus élevé. Dès qu'il en est ainsi, l'exemple donné dans une contrée, par un cultivateur intelligent et ami du progrès, entraînera nécessairement de nombreux imitateurs, et l'intérêt, qui est un puissant mobile, finira par parler à tous et par généraliser l'emploi de notre système d'irrigation, et par faire adopter notre labourage horizontal, en remplacement du labourage en planches et surtout du labourage en billons ou en sillons.

Nous espérons, par les explications simples et détaillées que nous allons donner, nous mettre si bien à la portée de tous, que chaque cultivateur, que chaque laboureur, au moyen de notre *Instruction pratique*, pourra transformer, sans difficulté, sa culture, et arriver à augmenter son revenu, sans avoir à réclamer le concours d'un homme de l'art.

II.

Dès l'origine de la société, on a apprécié les avantages des arrosements en grand ou des irrigations. Les premiers souverains de l'Egypte firent d'immenses travaux en construction de canaux d'aqueducs, et de réservoirs pour donner à leurs peuples les bienfaits de l'arrosage, ou plutôt de l'irrigation continue des sols cultivés. Les Grecs imitèrent cet exemple en diminuant les dépenses ou les travaux préalables, et les Romains introduisirent les bienfaits de l'irrigation en Italie et en Espagne. En France, le Roussillon avait la pratique des irrigations, et les travaux pour l'arrosage artificiel se répandirent d'abord dans les provinces méridionales, puis dans les pays des montagnes.

Partout où l'agriculture a pris un certain développement les bienfaits de l'irrigation ont été appréciés, et la Chine et l'Inde offrent d'importants et utiles exemples de l'emploi des eaux pour s'assurer de fructueuses récoltes.

Les irrigations sont le complément des

arrosements à la main ou à bras d'hommes dont tous les peuples ont reconnu l'utilité, et qui sont en usage sur tous les points du globe, tant il est vrai que sans eau l'agriculture serait impossible.

Comme l'a dit M. Morin de Sainte-Colombe : « De tous les moyens dont la main de l'homme » peut favoriser l'agriculture, il n'en est pas » d'aussi fécond en bons résultats, d'aussi » puissamment efficace que celui des irriga- » tions. »

Les terrains les plus infertiles, grâce au bon emploi des eaux, se couvrent de riches récoltes et répandent l'aisance et le bien être dans des contrées où les habitants étaient précédemment dans la misère.

Les irrigations hâtent la végétation et font que le sol se couvre plutôt de verdure, aussi l'eau doit-elle devenir le principe de toute végétation. Les irrigations présentent l'avantage d'empêcher les dommages qui sont ordinairement occasionnés par les gelées blanches du printemps. Enfin, suivant M. Morin de Sainte-Colombe : Dans certaines localités les arrosages forment la base de la valeur positive de la propriété; ils en doublent au moins le prix et quelquefois ils le décuplent. M. Taluyers, à Saint-Laurent (Rhône), dit M. Gasparin, est parvenu à créer, avec un déboursé seulement de 20,000 fr., une prairie de 33 hectares, dont le produit s'élève à 10,000 fr. Avant l'irrigation réalisée, ce terrain ne rapportait que 1,200 fr. C'est ce que confirme M. Paris, ancien sous-préfet de Tarascon, arrondissement qui a vu, depuis l'emploi de l'irrigation, la fécondité enrichir cet immense plateau de Pouddingue, recouvert d'une légère couche de terre sans consistance; la bonification fut telle alors que, tandis que l'hectare de terrain non arrosé n'avait qu'une valeur de 25 fr., celui du terrain arrosable s'élevait à 500 fr. L'utilité, ou pour mieux dire, la nécessité des canaux d'irrigation est telle, dit M. de la Croix, procureur du Roi, à Prades, correspondant du Conseil général d'agriculture, que s'ils étaient détruits dans ce canton, les deux tiers des habitants abandonneraient le pays qui ne pourrait plus suffire à leur subsistance.

Ce n'est pas seulement l'irrigation momentanée dont l'utilité est incontestable, mais dans de nombreuses contrées, on a reconnu toute l'utilité des inondations prolongées, et certaines cultures en réclament même de continues.

Dans quelques localités on est dans l'usage, en hiver, de couvrir les prairies d'eau pour les préserver de la gelée.

Par les anciens procédés, il n'était possible d'irriguer que les vallées, et cependant l'irrigation est surtout nécessaire pour les terrains élevés et montagneux ; là, jusqu'à nos jours, le cultivateur n'a pu y espérer une récolte que dans les années humides, quand des pluies continuelles y fécondaient les cultures.

Dans l'obligation où l'on se trouvait d'avoir recours aux voies fluviales ou liquides pour produire les irrigations, on comprend que la question de la quantité d'eau à employer devait préoccuper les cultivateurs, aussi lisons-nous, à ce sujet, dans la *Maison rustique du XIXe siècle* :

« M. Roux, agriculteur à Arles, estime qu'il
» faut 822 mètres cubes (24 mille pieds cubes)
» d'eau pour arroser convenablement un hec-
» tare, ce qui fait 3 1/2 pouces sur la hauteur.
» Un agriculteur des Landes, M. Borda, indique

» approchant la même quantité. Dans le centre » et le nord de la France, une quantité moitié » moindre serait souvent suffisante. » Et la quantité d'eau réclamée ici n'est destinée, on le comprend, qu'à irriguer des propriétés situées dans les vallées, c'est-à-dire dans des parties basses, ou non desséchées, et cependant cette quantité d'eau réclamée par M. Roux serait presque le cube d'eau pluviale produit par une pluie abondante prolongée pendant 24 heures !

Le temps pendant lequel les irrigations peuvent être prolongées, est aussi une question qui a occupé nos savants agronomes, et, suivant *Thaer*, « on peut laisser séjourner l'eau huit, douze, et même jusqu'à quatorze jours, ayant soin toujours de prévenir la putréfaction », et M. Morin de Sainte-Colombe ajoute : « Le *nombre de jours* d'inondation indiqué par Thaer ne doit point être considéré comme un précepte absolu : la nature du sol et la température doivent régler le cultivateur ; plus le terrain est perméable, plus longtemps et plus fréquemment on peut l'inonder ; plus il est argileux, moins on doit y laisser séjourner l'eau. » Ces réflexions sont fort sages, et le même auteur déclare que « les irrigations par inondation » sont employées avec beaucoup d'avantages » pour fertiliser les terres en culture dans les » pays méridionaux. »

La théorie et la pratique constatent donc que les arrosements à la main ou à bras d'hommes, les irrigations momentanées, les irrigations continues, et les irrigations par inondation, fertilisent les terres, qu'elles augmentent le produit des récoltes, et décuplent parfois la valeur du sol.

III.

Il est constant que le pays le plus riche est celui où les habitants obtiennent un revenu plus étendu du sol ou de la propriété, ce qui leur procure une plus grande somme de bien être ou d'aisance. Il est également constant que l'irrigation des propriétés rurales est une source féconde de fertilité et par conséquent d'un rapport plus étendu. Répandre partout les irrigations, les rendre possibles partout, c'est donc contribuer à donner de nouveaux éléments de fortune et de puissance à une nation.

Mais, jusqu'à notre époque, mille difficultés ont empêché l'emploi de l'irrigation, parce que l'intérêt général se trouvait en contact perpétuel avec l'intérêt privé, parce que le Gouvernement n'a pas toujours rencontré chez les particuliers l'assistance ou le concours qu'il devait espérer, dès qu'il s'agissait d'arriver à faire produire beaucoup plus à la propriété. Il faut dire aussi que l'application de l'ancien système d'irrigation présentait des difficultés presque insurmontables, parce que tous les agronomes, les ingénieurs et les légistes ne croyaient l'irrigation de la propriété possible *qu'en employant l'eau agglomérée*, telle qu'elle est produite par les sources, les ruisseaux, les canaux, les rivières et toutes les voies fluviales ou liquides.

Dans cette situation, on ne voyait qu'un moyen possible d'obtenir de la propriété l'immense revenu qu'elle est appelée à produire par l'emploi de l'irrigation, c'était de recourir à l'expropriation, le développement de la richesse agricole d'un pays étant une *nécessité sociale*. Ici l'intérêt de tous venait appuyer, sanctifier en quelque sorte la nécessité de l'acte de spoliation de la propriété d'un seul, et si cette grande mesure n'a pas été réalisée pratiquement on le doit assurément aux immenses dépenses nécessitées pour réaliser l'irrigation par les systèmes connus jusqu'à nos jours. Le Gouvernement devait employer ses ressources à d'autres dépenses d'une urgence incontestable, et aucune Compagnie puissante n'a osé réaliser ce que le Gouvernement ne pouvait entreprendre, et cependant, il faut le reconnaître, si la loi de l'expropriation avait été appliquée pour faire adopter le fructueux système des irrigations, une Compagnie industrielle ou agricole aurait réalisé des bénéfices énormes en l'appliquant, car la loi sur l'expropriation publique prononçant que l'indemnité à allouer au propriétaire exproprié doit *représenter au moins l'exacte valeur de la propriété*, on conçoit que la Compagnie aurait eu, chaque fois, en bénéfice net incontestable, tout ce qui (*en outre du prix actuel de la propriété et des dépenses effectuées en travaux*) aurait été obtenu par le revenu en plus réalisé par la propriété, ce qui, par le choix des opérations traitées, pouvait au moins quadrupler son capital!

En fait, les irrigations, jusqu'à ce jour, n'ont été pratiquées que sur quelques points; leurs bienfaits sont connus, sont appréciés; il n'est pas un cultivateur qui ne fasse des vœux pour l'adoption d'un vaste système d'irrigation, qui donnerait à notre agriculture un immense essor; mais, tout s'est borné à des vœux, à quelques rapports utiles, à de stériles conseils donnés par la plupart de nos grands agronomes.

IV.

Si l'irrigation du sol est le moyen d'augmenter le revenu de la propriété, il est incontestable qu'il est utile de chercher à étendre son bienfait à tous les points, non-seulement aux vallées, naturellement arrosées et vivifiées par des cours d'eaux, mais surtout aux terrains élevés, arides, où l'eau manque continuellement.

L'homme a compris jusqu'à notre époque combien il était utile de recueillir les eaux et de les conserver pour les employer ensuite dans l'intérêt de l'agriculture, mais les ingénieurs et les agronomes n'ont jamais produit, pour obtenir ces précieux résultats, que des réservoirs, des canaux, des barrages, des travaux fort coûteux, exécutés dans les vallées, aux points inférieurs, où les eaux se portent naturellement, en sorte qu'il fallait ensuite de nouveaux travaux coûteux, des canaux et même des moteurs hydrauliques, pour reprendre ces eaux aux points où elles étaient approvisionnées, les élever ou les conduire aux terrains utiles, et les employer enfin en fructueuses irrigations; mais, toujours dans les vallées, qui étaient seules considérées comme des *greniers d'abondance.*

Personne ne réfléchissait que la population tendant continuellement à s'accroître, et la superficie des vallées restant la même, il arriverait un jour où *les greniers d'abondance* ne pourraient plus suffire à l'alimentation de la population !.... Il y avait donc une grande imprévoyance à tout sacrifier dans l'intérêt des vallées !

Le cultivateur, pour les terrains élevés et montagneux, en était réduit à implorer l'arrivée d'une pluie bienfaisante, pour faire fructifier ses pénibles travaux d'une année entière, et quand cette pluie bienfaisante lui était providentiellement donnée, hélas! son imprévoyance n'avait rien préparé pour conserver ce trésor, et, parfois, si le trésor était trop abondant, ses engrais et ses terres étaient au loin entraînés dans les vallées, où elles allaient détruire les magnifiques récoltes de nos *greniers d'abondance*, et semer la désolation, les désastres et les ruines par le fléau si redoutable des inondations.

Tel était l'état de la science! et les fructueuses irrigations n'étaient qu'à l'usage des vallées, encore n'y étaient-elles employées que par exception, comme on l'a dit « soit à cause » du sol, de sa disposition, de sa forme, de sa » surface, soit à cause de sa situation, de la » direction, de l'abondance et de la nature de » l'eau, enfin à cause des travaux et des » dépenses. »

Aujourd'hui, nous introduisons un nouveau système d'irrigation, qui sera produit, sur tous les points, par le fait de *la chute des eaux pluviales*, en formant partout des *bassins d'irrigation*, qui n'auront, au plus, que la hauteur d'eau reconnue utile par nos plus savants agronomes et par les bons praticiens, et notre système nouveau, en se généralisant, conservera, aux terrains élevés, l'eau qui leur est indispensable, pour y assurer de fructueuses récoltes, et empêchera, par ces mêmes retenues, l'inondation des vallées, puisque les eaux n'y arriveront à l'avenir que lentement, et d'une manière graduée, après avoir favorisé partout la germination et la végétation. Par ce nouveau moyen, le bienfait réalisé sur un point, mettra un terme aux dévastations qui avaient lieu sur d'autres points.

Par notre système, l'irrigation peut être portée partout où la pluie exerce son action bienfaisante, sur les hauteurs comme dans les vallées ; partout où la pluie tombe, nous proposons de la recueillir, de la conserver, afin de vivifier les travaux du cultivateur, et, comme nous allons l'indiquer bientôt, nous voulons établir nos *bassins irrigateurs* par des moyens si simples et si peu coûteux, qu'ils puissent à l'instant être essayés et établis dans tous les lieux, et d'abord sans rien modifier aux systèmes de culture en usage dans chaque contrée, dans chaque localité.

V.

Comme nous l'avons dit, en prenant notre premier Brevet d'invention en France, l'eau, bien utilisée, favorise la germination des plantes et de leurs racines; elle rend le terrain plus perméable à l'air en s'y infiltrant; en thèse générale, l'eau en agriculture est un bienfait; dès lors, au lieu de faciliter l'écoulement prompt des eaux, il doit être reçu en principe qu'il faut chercher à en ralentir la marche, à les conserver ; le desséchement et l'écoulement sont nécessaires seulement quand il y a surabondance d'eau, ce qui nuit à la production. Tel est le point de départ de mon système, et l'on comprend aussitôt que tout se réduit, pour nous, à des *retenues* établies sur tous les points, retenues fort peu élevées au-dessus du sol, dans toutes les parties horizontales, afin de ne point augmenter la difficulté des transports ou du passage des attelages, retenues peu élevées au-dessus du sol, afin que la plus forte hauteur d'eau recueillie soit, en moyenne, d'*un* décimètre seulement, ce qui, d'après l'opinion généralement reçue par les bons praticiens et par nos savants agronomes, réalise l'irrigation féconde en bons résultats.

Notre moyen mettra un terme à l'aridité des plateaux et des terrains élevés, où les providentielles gouttes de pluie étaient à peine tombées, qu'elles se dirigeaient, avec une vitesse en rapport avec la déclivité des terrains, vers les vallées, vers les ruisseaux, les rivières et les fleuves, où, agglomérées, en arrivant de tous les points à la fois, elles se transformaient en des torrents furieux portant, sur les points inférieurs, et la dévastation et le malheur. C'est ainsi qu'une pluie bienfaisante, une pluie qui devait porter la joie et l'abondance au sein des familles, se trouvait produire le désespoir et parfois la mort chez d'autres familles surprises, au milieu de leur repos, par l'invasion soudaine d'une terrible inondation ! Empêchez, disons-nous, la formation des torrents dévastateurs, et pour cela, contentez-vous de recueillir les providentielles gouttes de pluie au point où elles tombent, et vous porterez la vie et l'aisance sur les plus hautes montagnes, et vous conserverez les riches récoltes de la vallée!

Jusqu'à ce jour on ne s'est occupé que des vallées et, nous ne saurions trop le répéter, les vallées occupent la moindre partie du territoire, tandis que les plateaux, les terrains élevés, les pays montagneux, forment l'immense superficie ; là, partout, l'assèchement du sol est trop prompt, et le cultivateur réclame de l'eau, toujours de l'eau, quand les vallées souffrent parfois par l'effet contraire. On peut facilement remédier à ces deux défauts, en retenant les eaux pluviales, sur les terrains élevés, tant qu'elles y sont utiles à l'agriculture, et en les laissant descendre lentement dans les vallées, en portant partout, sur leur passage, la vie et la fertilité, en sorte qu'elles n'arrivent aux cours d'eaux, qui doivent enfin les recueillir, qu'au moment utile, après les fortes eaux, et quand elles viennent en prolonger le cours et le régulariser.

Comme le porte notre Brevet d'invention : « le premier principe que nous posons est que tous les terrains, sur les plateaux, dans les montagnes, comme dans les vallées, doivent être disposés de manière à *conserver* les eaux pluviales, et à en *absorber* une partie, afin de favoriser partout la germination, la végétation et le développement des plantes.

« Notre second principe est que, pour tirer le plus grand parti des eaux, dans l'intérêt de l'agriculture, il faut en retarder la marche, il faut les employer en fécondes irrigations, et ne les rendre aux sols intermédiaires, puis aux sols inférieurs, c'est-à-dire aux vallées, qu'au moment où ces eaux auront partout répandu la fertilité et l'abondance.

« Il résulte de ces deux principes, qu'au lieu de porter les études et les travaux dans les vallées, ou sur le flanc des montagnes, comme cela a été fait jusqu'à ce jour, les études doivent d'abord être portées sur les plateaux supérieurs, car les désastres des vallées proviennent des eaux produites par les montagnes, par les immenses plateaux qui les dominent, et dont l'aridité est déplorable.

« Les premiers travaux à exécuter, pour empêcher les inondations, ne consistent pas en travaux gigantesques, en digues insubmersibles, à établir sur les rives des fleuves, ces travaux utiles se réduisent à de simples labours, à des *retenues* exécutées par un jet à la pelle, à l'établissement de simples *bourrelets* dans toute l'étendue des vastes plateaux qui couronnent les montagnes, et dont les eaux finissent par alimenter les fleuves. Tout ici se réduit donc à des travaux de l'exécution la plus facile et que le plus humble campagnard peut comprendre et réaliser.

« Dans notre système, nous proposons donc de faire *conserver* par chaque champ, par chaque terrain, et d'y faire *absorber* en partie, les eaux pluviales qui y sont projetées, c'est dire que nous voulons favoriser la culture des plateaux supérieurs et cela parce que les terrains labourés, ou binés, et ceux qui sont couverts de récoltes ou de gazons, ou de plantations et de bois, absorbent plus facilement les pluies, surtout quand la disposition des terrains est horizontale, car ici la terre est une éponge et sa perméabilité lui permet d'absorder les eaux pluviales.

« Si les terrains ne sont pas suffisamment perméables pour produire l'absorption complète des eaux pluviales projetées, ou si une légère inclination du sol détermine un écoulement trop prompt des eaux produites, c'est le cas, pour chacun, d'aviser à *conserver* les eaux, dont il est incontestablement le propriétaire, en transformant chaque terrain en un *réservoir artificiel*, ou *réservoir irrigateur*, et ce travail se réduit à prendre les précautions que nous allons indiquer.

« Le terrain est-il parfaitement horizontal, la quantité d'eau produite, en France, en temps d'orage, étant de dix centimètres de hauteur en vingt-quatre heures, on comprend qu'il suffira de former, sur les rives du terrain donné, un *bourrelet en terre*, ou tertre de dix centimètres de hauteur, pour y contenir toutes les eaux projetées. Chaque terrain horizontal sera ainsi soumis à une irrigation complète, et ce travail, pour un quadrilatère d'un hectare, se bornera à la formation d'un tertre de 400 mètres de développement, et si l'on suppose ce tertre composé d'un cube de terre de trois décimètres de largeur (ce qui permettrait de l'employer comme un sentier), le travail total sera de douze mètres cubes de remblai à exécuter à la pelle par un jet sur berge, qui s'exécute, à Paris, moyennant le prix de 0 fr. 19 c. d'après le tarif; comptant, en plus, le pilonnage fait avec beaucoup de soin, à 0 fr. 08 c., prix du tarif, le chiffre obtenu, par mètre cube, serait de 0 fr. 27 c. qui, pour les douze mètres cubes à traiter, occasionnerait une dépense de 3 fr. 24 c. par hectare, et je dois ajouter que les prix que je viens d'indiquer sont ceux accordés aux entrepreneurs de la capitale, ce qui démontre qu'au village la dépense sera assurément moins élevée. »

Le terrain horizontal que nous venons de supposer est représenté dans notre *Fig.* 1re, jointe à ce texte, par la ligne AB; les *bourrelets*, ou tertres de 10 centimètres de hauteur,

FIGURE 1re.

supposés ici employés à l'usage d'un sentier, sont représentés en coupe aux points C et D, et le réservoir artificiel ou réservoir irrigateur E, contient les eaux pluviales dans un décimètre de hauteur, en sorte que chaque hectare de terrain peut ainsi en recueillir *mille mètres cubes*.

La forme des bourrelets de retenue des eaux,

ou des tertres, et les dimensions à leur donner, peuvent varier à l'infini, en raison de la nature des matériaux employés, de leur emplacement et de l'usage auquel on les destine, et la *Fig.* 2e donne, aux points C, D, E, F et G, quelques

FIGURE 2e.

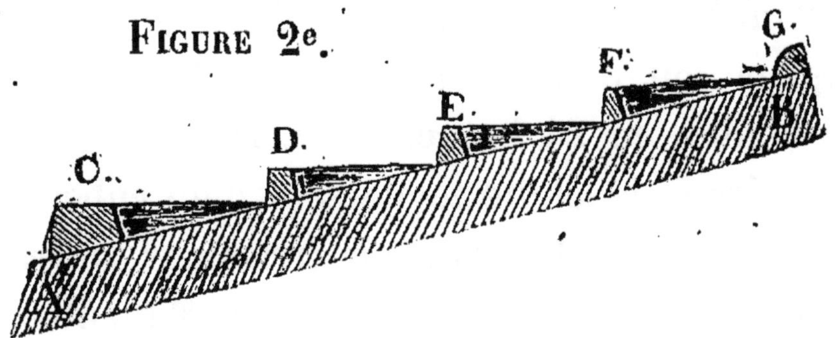

exemples de ces retenues des eaux, en même temps que cette figure indique ce que seront les réservoirs irrigateurs sur un terrain incliné suivant la ligne AB. Nous devons faire ici la remarque que, pour les réservoirs établis sur des terrains inclinés, il sera nécessaire d'augmenter la hauteur des bourrelets de retenue, afin qu'ils puissent contenir l'eau produite pendant une chute de 24 heures de durée.

Il résulte de cette disposition, et de la nécessité de contenir les eaux pluviales pour une chute supposée être de 0,10 centimètres par 24 heures, que les bourrelets de retenue seront plus rapprochés en raison de la déclivité plus forte des terrains ; ainsi, si la pente du sol de B en A, *Fig.* 2e (*page* 249), allait jusqu'à *quatre centimètres par mètre*, l'espace à ménager entre les retenues, ou de F en G, par exemple, serait 2 m. 50 c., car sur un terrain de 2 m. 50 c. de longueur et d'un mètre de largeur, ou d'une superficie de 2 m. 50 c., s'il tombe, en 24 heures, 0 m. 10 c. de hauteur d'eau, la chute totale sera d'un cube de 0 m. 25 c. que le réservoir irrigateur devra contenir, et ce réservoir ayant ici 2 m. 50 c. de longueur, sur 1 m. de largeur, et la hauteur d'eau moyenne devant être de 0 m. 10 c., en donnant au bourrelet de retenue 0 m. 20 c. de hauteur, on obtient $2^m 50 \times 1^m = 2^m 50 \times 0^m 10 = 0^m 25$, cube égal à celui de l'eau recueillie.

Si la pente du terrain était de *deux centimètres par mètre*, l'espace à ménager entre les bourrelets de retenue serait de 5 mètres.

Si la pente du terrain était *d'un centimètre par mètre*, les bourrelets de retenue pourraient être espacés de 10 mètres.

Et si la pente du terrain n'était que de *cinq millimètres par mètre*, on pourrait porter à

20 mètres l'espace à laisser entre les bourrelets de retenue.

Nous conseillons aux cultivateurs de ne pas négliger d'acquérir la connaissance des divers sols qui composent leur exploitation, attendu que ces sols ont plus ou moins de perméabilité, ou de faculté d'absorber l'eau, que l'effet de la capillarité de ces sols varie, et qu'il résulte de ces faits que nos bourrelets de retenue des eaux pourront avoir moins de hauteur que celle que nous indiquons, par exemple, quand il s'agit d'argile exempte de sable, de terre calcaire fine ou de terre de jardin, qui présentent toutes l'avantage d'absorber et de retenir l'eau en plus grande quantité.

La perméabilité du sol est une chose d'autant plus précieuse en agriculture qu'elle permet à l'eau pluviale, aux solutions nutritives ou stimulantes, à l'air et à la chaleur, de pénétrer jusqu'aux racines des plantes ; aussi le cultivateur sait-il combien il est important que la terre soit meuble pour les plantes annuelles, et combien il est utile de diviser et d'ameublir la superficie du sol au-dessus des racines des arbres. Cette propriété du sol, d'absorber l'eau, est évidemment une des plus importantes, et, par les expériences faites, il a été constaté, suivant M. *A. Payen*, que les substances terreuses qui vont être indiquées retiennent, *sur* 100 *parties* :

Sable siliceux.	25	parties d'eau.
Sable calcaire.	29	id.
Glaise maigre.	40	id.
Terre arable ordinaire. . . .	48	id.
Glaise grasse.	50	id.
Terre arable grasse.	52	id.
Terre argileuse	60	id.
Argile exempte de sable . . .	70	id.
Terre calcaire fine	85	id.
Et terre de jardin	89	id.

Par les indications qui précèdent, on voit que les sables ne retiennent que 20 à 30 parties d'eau, dès lors quand il s'agira de terrains sableux, la hauteur des bourrelets de retenue des eaux sera conservée comme elle a été fixée, tandis qu'on pourra diminuer quelque peu cette hauteur quand il s'agira de glaises ou de terres arables, et l'on pourra surtout la réduire pour les terres calcaires fines et les terres de jardins.

Les indications que nous venons de donner,

d'après les expériences faites par M. A. Payen, guideront aussi le cultivateur pour la surveillance qu'il aura à exercer sur ses terrains irrigués, car il comprendra que, dès qu'un sol absorbe l'eau avec facilité, son irrigation aura à peine besoin d'être surveillée, quand il sera utile, au contraire, de faire cesser en temps opportun l'irrigation sur les sols d'une nature peu perméable.

Nous avons indiqué, par les *Fig.* 1 et 2 (*pages* 248 et 249), quelle est la nature et la forme des bourrelets de retenue dont nous proposons l'établissement, afin d'assurer la complète irrigation des terrains, sans rien modifier à leur disposition actuelle, mais il nous reste à indiquer par quelles dispositions générales nos bassins irrigateurs seront partout applicables, et quelle direction il convient de leur donner, afin que toute la superficie des champs soit soumise à l'action bienfaisante de l'irrigation.

La *Fig.* 3e démontrera aux cultivateurs que toutes les dispositions qu'on donnerait aux bourrelets de retenue ne sont pas également acceptables, car il faut que la forme donnée aux retenues conduise à couvrir toutes les parties du sol par l'irrigation, et la *Fig.* 3 prouve que les dispositions triangulaires ou circulaires ne produisent pas assez convenablement ce résultat.

FIGURE 3e.

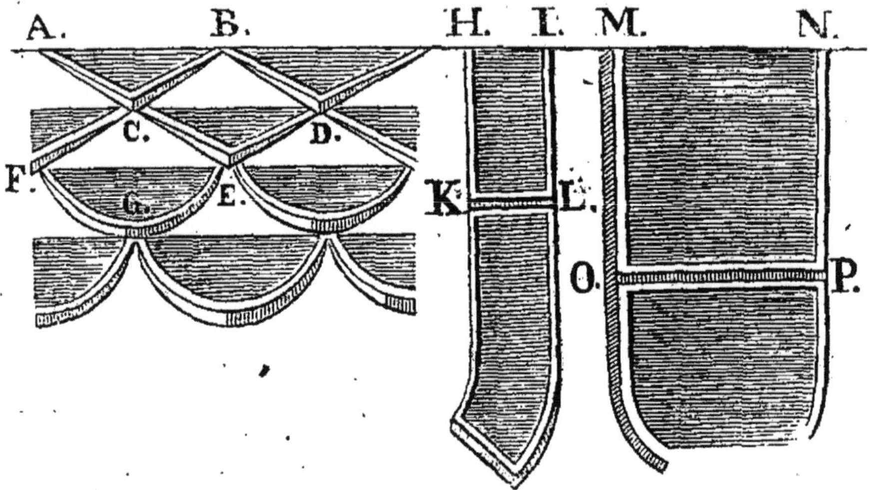

Dans la disposition triangulaire, si le premier triangle ABC forme un bassin irrigateur complet, on reconnaîtra que le même avantage ne serait pas produit, sans augmenter la hauteur des retenues, par les autres dispositions triangulaires qui viendraient ensuite, et cela est démontré par la même *Fig.* 3e, car, à la suite du premier triangle ABC, le losange CBDE n'aurait que la moitié de sa superficie soumise à l'irrigation, c'est-à-dire toute la partie qui forme le triangle CDE, et le second CDB serait complétement privé de l'action bienfaisante de l'irrigation.

La disposition circulaire, indiquée *Fig.* 3e (*page* 254), par les lettres FGE, ne serait pas plus favorable que la disposition triangulaire, puisque l'irrigation ne couvrirait le terrain que jusqu'à la naissance des courbes en F et E, en sorte que la seule partie FEG serait soumise à l'irrigation, tandis que toute la partie supérieure FEC échapperait à son action.

La disposition par quadrilatères devra donc être adoptée autant que les lieux le permettront, comme les lettres MNOP l'indiquent pour une propriété ayant une assez grande largeur, et comme les lettres HIKL l'indiquent pour les terrains dont la largeur serait exiguë. Dans ces divers cas, comme la *Fig.* 3e le démontre, toute la superficie des terrains sera soumise, sans exception, à l'irrigation, et le but cherché sera atteint.

Il résulte de ce que nous venons de dire que l'irrigation par les eaux pluviales est partout réalisable, au moyen des retenues dont nous avons indiqué la composition, la forme, les dimensions et les dispositions, et que, partout, nos retenues n'auront qu'un décimètre de hauteur dans tous les terrains horizontaux, et deux décimètres au plus dans les terrains en pente. Si l'on compare ce procédé à ce qui est en usage aujourd'hui, on verra que c'est une opération complétement inverse. Au lieu de hâter l'écoulement des eaux, nous les recueillons pour faire fructifier les récoltes. Au lieu de creuser des rigoles, ou des raies d'écoulement, comme dans le labourage en planches et dans le labourage en billons, nous formons des retenues par des tertres peu élevés qui réalisent l'irrigation de tous les terrains. Enfin, au lieu d'avoir des défauts de niveaux, qui sont au moins de 50 à 60 centimètres de la partie supérieure de l'ados du champ au fond des raies d'écoulement, défauts de niveaux qui dépassent souvent 0 m. 80 centimètres, dans le labourage en billons ou en sillons, nos défauts de niveaux ne sont jamais que de la hauteur de nos retenues, c'est-à-dire de 0 m. 10 centimètres pour les terrains horizontaux et de 0 m. 20 centimètres pour les terrains en déclivité. Telle est, pour l'aspect, la comparaison des systèmes actuels avec celui que nous proposons. Quant à l'utilité, nous n'avons qu'à dire que les systèmes actuels tendent à se débarrasser des eaux pluviales, et que le nôtre tend à les conserver pour en former d'utiles irrigations, irrigations que le cultivateur est le maître de faire cesser quand il lui convient, puisqu'il n'a qu'à former une ou plusieurs ouvertures aux bourrelets de retenue pour que les eaux s'écoulent immédiatement vers les fonds inférieurs.

Nous devons ajouter qu'un dernier et bien précieux avantage obtenu par l'établissement de nos bourrelets de retenue, c'est que, comme nous l'avons exprimé en prenant notre brevet d'invention, les principes fertilisants, les limons fécondants, les humus des terrains supérieurs ne seront plus entraînés par les orages et par les pluies diluviennes pour aller porter la dévastation dans les vallées, où ces limons ne développent leurs principes fécondants qu'après avoir été d'abord une cause de dévastations et de ruines. Par le système que je propose, qui tend à retenir, à conserver les eaux, au point où elles sont produites et à retarder et régler leur écoulement sur les plateaux, on comprend que les pluies diluviennes cesseraient d'être dévastatrices, et que les retenues pratiquées dans toute l'étendue de terrain que les eaux parcourent, empêcheraient les terrains supérieurs de se dépouiller aussi promptement des principes qui peuvent y porter la fécondité ; ainsi les plateaux auraient aussi leurs riches récoltes assurées et l'on cesserait de considérer les vallées comme ayant seules des terrains de première classe ou d'un grand rapport.

VI.

Nous venons de faire connaître par quels moyens faciles et fort peu coûteux nous proposons de réaliser partout d'utiles irrigations, quand précédemment les irrigations nécessitaient des travaux d'art pour la prise d'eau et pour l'établissement des digues, des canaux ou des réservoirs, des barrages, des vannes ou écluses, des rigoles d'irrigation et de dessèchement, des vannes de décharge, etc, toutes choses qui n'étaient pas à la portée de la majeure partie des cultivateurs. Il suffira aujourd'hui de la volonté du cultivateur, et d'un léger travail pour l'établissement de tertres ou de bourrelets de retenue des eaux, de un ou de deux centimètres de hauteur, pour réaliser, sans autres frais, l'irrigation dans la plupart des localités.

Aux points où des bourrelets de retenue assez élevés ne pourraient gêner la culture, et où le cultivateur aurait reconnu la possibilité, ou même l'utilité, de réaliser une irrigation plus forte, ou plutôt un réservoir, on comprend qu'il lui sera toujours facultatif d'élever la hauteur de ces retenues comme cela est indiqué par notre *Fig.* 4e. Ici le terrain de A en B,

FIGURE 4e.

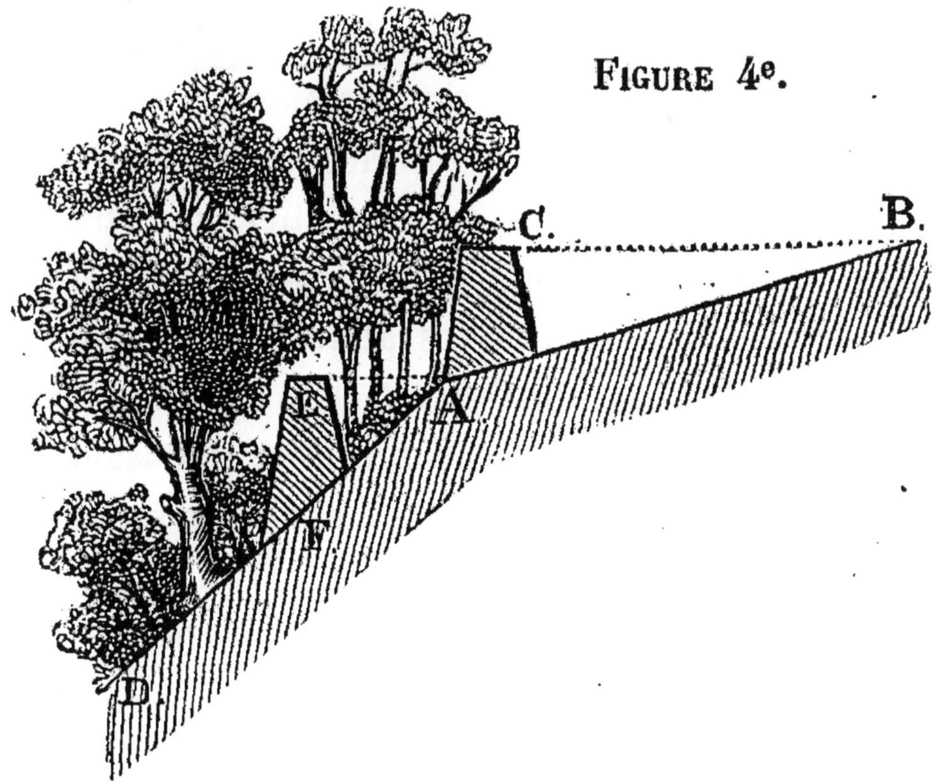

placé à la limite d'une forêt, permet de donner une plus grande élévation au bourrelet de retenue des eaux, en sorte que l'irrigation pourrait s'élever jusqu'à la ligne CB, et, pour le terrain bien plus rapide de la forêt AD, on comprend que rien ne s'opposerait à l'établissement d'un tertre en F, qui permettrait de recueillir les eaux jusqu'au niveau de la ligne EA.

Dans certaines circonstances, il sera possible d'élever ainsi la hauteur des retenues. S'il s'agissait, par exemple, de réaliser l'irrigation sur toute une propriété de trente mètres de longueur et ayant une pente de deux centimètres par mètre, ce qui produit une inclinaison ou une pente totale de six décimètres, il suffirait de former à la rive inférieure du terrain, une retenue, un tertre, ou un sentier en tertre élevé de 0 m. 6 décimètres au-dessus du sol, et de former sur les deux rives latérales du champ un pareil tertre, ayant 6 décimètres de hauteur à la rive inférieure du champ et se réduisant à zéro à la rive supérieure. Le champ serait ainsi transformé en un réservoir artificiel ou réservoir irrigateur, dont il sera facile de calculer la capacité.

Quand il s'agira de former des tertres élevés et devant présenter la résistance nécessaire aux eaux qui seront contenues dans le réservoir, les terres utiles proviendront, le plus ordinairement, d'une rigole ou d'un fossé qu'on pourra établir sur les rives de la propriété, afin de réduire le travail de terrassement à un simple jet à la pelle. Ces fossés seraient destinés à recueillir les eaux de l'irrigation du champ, quand il y aura opportunité de cesser cette irrigation, et, comme nous l'indiquerons plus loin, ces mêmes fossés pourraient recevoir des plantations, qui ajouteraient un rapport à la propriété, et auraient l'avantage de faciliter l'introduction des eaux dans les sous-sols.

Nous répétons que les exemples que nous venons de donner sont exceptionnels et que l'application en sera assez rare. L'on conçoit qu'il sera d'ailleurs toujours facile de réduire la hauteur des tertres ou bourrelets de retenue des eaux, car si ce tertre avait, par exemple, 1 mètre de hauteur pour un champ de 20 mètres, il suffirait de le diviser en cinq planches ou réservoirs irrigateurs de 4 mètres de largeur, pour réduire la hauteur de chaque tertre ou bourrelet à 0, 20 centimètres. En n'espaçant les bourrelets que de 2 mètres, ces bourrelets n'auraient plus qu'un décimètre de hauteur. Ce dernier moyen produit d'ailleurs la meilleure opération d'irrigation sur les terrains en déclivité, puisque l'eau s'étend alors avec plus de promptitude sur toute la superficie du sol, tandis qu'avec des bourrelets trop élevés l'eau ne parvient que tardivement aux parties les plus hautes du terrain, tandis qu'elle séjourne trop longtemps dans les parties inférieures. Nous ne saurions donc trop recommander aux cultivateurs de multiplier les retenues afin de leur donner le moins de hauteur possible.

Les bourrelets, ou tertres élevés, conviendront surtout, quand ils seront réservés comme sentiers ou voies d'exploitation, afin de les utiliser, ce qui peut parfaitement se coordonner, surtout par une opération d'ensemble, avec l'étude des améliorations qu'il serait possible d'introduire dans chaque commune, de manière à abréger les distances et à diminuer les frais d'établissement et d'entretien des voies d'exploitation et des voies vicinales.

Puisque nous venons de dire un mot des

voies de communication, qu'il nous soit permis d'exprimer ici la pensée que la plupart de ces voies semblent avoir été établies au hasard, sans tenir compte des distances, des difficultés du trajet, des points qu'elles peuvent desservir utilement, de l'éloignement des matériaux nécessaires à l'entretien et de mille considérations utiles pour une localité, en sorte que leur rectification serait un objet véritablement utile, et si ce travail était entrepris dans certaines localités, nous appelons l'attention de l'autorité sur la nécessité d'élever la plupart des voies de communication de manière qu'elles divisent les eaux lors des grands cataclysmes de l'atmosphère (qui sont en dehors de toute prévoyance humaine) en sorte que ces eaux soient réparties en autant de bassins séparés, ou de réservoirs protecteurs, et il sera toujours facile de déterminer de combien les voies ou chemins devront être élevés au-dessus des sols voisins, en fixant cette hauteur par le cube d'eau que doit contenir le réservoir protecteur, car ce cube sera facilement apprécié en déterminant la superficie de tous les terrains dont les eaux pourront être agglomérées en ce point, et en multipliant cette superficie par les dix centimètres de hauteur, qui représentent la quantité d'eau pluviale qui tombe, en France, par un temps d'orage se prolongeant pendant vingt-quatre heures. Une sage prévoyance veut même qu'on exagère encore cette hauteur, si rien ne s'y oppose.

Afin de diminuer les frais d'établissement, quand les exhaussements des voies de communication n'auront pas été le produit de déblais à faire pour diminuer la rapidité des pentes, il sera utile d'extraire les terres ou les matériaux nécessaires à l'exhaussement, par l'établissement de fossés et de réservoirs plantés sur les rives des chemins d'exploitation ou des voies vicinales.

Le réseau des communications d'une commune étant ainsi étudié et établi, on comprend que la hauteur fixée à ces voies sera un utile avertissement donné à tous les habitants pour les guider, quand ils entreprendront des constructions, afin qu'elles ne soient plus exposées à l'invasion des eaux.

Enfin dans les communes qui se livreraient à cette rectification des voies vicinales, nous recommanderons une étude bien utile et sur laquelle nous appelons la bienveillante attention de l'autorité. On peut éviter de grands désastres et l'on peut donner une nouvelle valeur à d'immenses terrains par l'exploration et l'étude des points culminants, ou des points les plus élevés de chaque localité, dont les eaux, en temps d'orage, descendènt avec une rapidité effrayante et dévastent tout sur leur passage; ces eaux se créent un cours, un lit, qu'elles tendent incessamment à creuser davantage, quand, au point de départ, par une simple pierre angulaire, par une répartition intelligente, par un simple déblai de dérivation, il est souvent possible de diviser les eaux, avant la formation du torrent. Dans l'état actuel des choses, certaines gorges des flancs de nos montagnes sont dévastées par des eaux furieuses, quand d'autres gorges voisines ont une aridité désespérante. En remontant au point de départ des eaux, il serait souvent facile de les diviser dans chaque gorge de déjection, et alors le torrent dévastateur deviendrait un cours d'eau qu'on pourrait utiliser dans l'intérêt de l'agriculture, et les gorges jusqu'alors arides se couvriraient de riches récoltes.

Nous bornerons ici cet exposé de quelques vues utiles qu'il appartient aux autorités municipales de réaliser, en ayant préalablement recours à l'approbation de l'autorité préfectorale, et chaque fois qu'on voudra bien nous consulter au sujet de ces études et de ces travaux, comme pour leur réalisation, nous serons à la disposition des administrateurs qui daigneront placer en nous leur confiance.

VII.

L'irrigation par la chute des eaux pluviales est une transformation complète de l'agriculture, c'est le bien être porté jusque dans les communes les plus ignorées, c'est la fécondité portée jusqu'au sommet des plus hautes montagnes.

Tout ce qui doit réaliser ce système d'irrigation, et qui a été décrit jusqu'à ce moment, est d'une grande simplicité, d'une exécution facile, et ne conduit qu'à un travail de main d'œuvre : des tertres, des bourrelets de retenue des eaux, voilà tout ! Nous allons maintenant expliquer comment, dans beaucoup de cas, il sera même possible d'épargner l'établissement de ces tertres ou bourrelets, ou comment ils pourront être utilement remplacés.

Pour les terrains facilement perméables et sans déclivité, le cultivateur pourra souvent épargner l'établissement des bourrelets de retenue en formant une simple rigole au moyen de la charrue et en reportant la bande de terre en dedans du terrain, de manière à former une espèce d'arrêt pour les eaux, qui tiendra lieu de bourrelet de retenue.

Quand les terrains auront une légère déclivité, et surtout dans les sols perméables, le même emploi de la charrue pourra suffire, surtout en multipliant les bandes de terre destinées à former un léger barrage pour les eaux, afin de leur laisser le temps d'être absorbées par le sol.

Dans le cas où ce simple travail serait insuffisant, on pourra remplacer le tertre ou le bourrelet par un clayonnage de quelques centimètres de hauteur destiné à retenir les eaux et à produire les résultats cherchés par les bourrelets de retenue.

Si la déclivité du sol est un peu plus forte,

le même clayonnage peut être employé en lui donnant environ 20 centimètres de hauteur, ou il pourra être remplacé par de petites haies, ou par des broussailles croisées, ou par de légères clôtures en brindilles sèches bien serrées, qui auront pour résultat de retarder le cours des eaux, d'arrêter et de réunir les sédiments, et de former par la suite une véritable retenue des eaux.

Retarder les eaux dans leur cours, de manière à ce qu'elles soient le plus possible absorbées par le sol, tel est le but qui doit être atteint. Parfois, dans les terrains perméables, une terre labourée ou binée suffira pour obtenir ce résultat; ailleurs, les récoltes fourragères, le gazonnement nouveau, ou le boisement, dans les terrains horizontaux, produira à peu près le même effet. Quand l'absorption ne sera pas complète, ce sera le cas d'employer les bourrelets de retenue, ou les clayonnages, haies, branchages ou légères plantations qui peuvent en tenir lieu, et qui, souvent, occuperont moins d'espace que les bourrelets de retenue.

Quand les cultivateurs le préféreront, ils pourront remplacer les bourrelets de retenue par des haies serrées et bien fournies, par des haies sèches ou mortes, formées de branchages ou de bois épineux, le tout consolidé par des traverses maintenues sur des pieux. D'autres haies en échalas disposés dans toutes les formes, et maintenus en fil de fer, peuvent aussi être employées. Enfin, comme nous l'avons dit dans notre brevet d'invention, on peut encore exécuter d'excellentes digues criblantes par des paillassons ordinaires, ou formées avec des roseaux, des sorghos et des tiges de toutes autres plantes, et surtout de plantes aquatiques. Toutes ces digues criblantes ont pour effet d'arrêter tous les sédiments et dépôts alluvionnaires, en sorte qu'elles finissent par former un véritable barrage pour les eaux, et par produire l'effet des bourrelets de retenue.

Dans les pays vignobles, pour les cultures ou terrains très-inclinés, des clayonnages serrés, élevés à la hauteur convenable, sont un excellent moyen de retenir les terres et de retarder les eaux dans leur cours, aussi ne saurions-nous trop recommander d'en généraliser l'emploi.

Partout où le sol est très-incliné, et où les

cultures le permettent, on ne saurait trop multiplier l'emploi des rigoles, tranchées et fossés dans le sens transversal ou perpendiculaire à l'écoulement des eaux, et le même moyen devra être employé dans les plantations et les bois sur les terrains fort inclinés. Nous recommanderons aussi d'établir, dans le même sens que les rigoles, tranchées et fossés, des clayonnages, qui présentent aussi l'avantage de retenir les feuilles, les limons et les eaux, au lieu de les laisser descendre dans les gorges ou dans les vallées.

Dans les départements du nord-est de la France, les vignes établies sur les versants rapides ont souvent leurs terres entraînées par les pluies torrentielles, que le laborieux vigneron reprend et remonte sur son dos au point où elles ont été enlevées, aussi, pour éviter ce rude travail, établit-il, de distance en distance, de larges fossés destinés à recueillir les terres supérieures; ces fossés finissent par se combler et par former des terrasses horizontales, dont il peut être utile de maintenir la rive par un solide clayonnage. Ce travail partiel devrait être un enseignement, car chaque terrasse horizontale, on le conçoit, vient ralentir la force du courant, et si la culture de la vigne, sur ces versants rapides, était établie de manière à former dans la hauteur, une succession de terrasses horizontales, séparées par des cultures en talus, assurément les vignes seraient moins *ravinées*, suivant l'expression du vigneron, et il diminuerait considérablement ses pénibles travaux.

VIII.

Si nous venons de recommander, pour les vignes établies sur des versants rapides, de multiplier les terrasses horizontales, c'est que de longues études au sujet des cultures m'ont fourni la démonstration que la disposition horizontale des terrains est la seule normale : c'est celle qui soumet toutes les parties du sol à la même influence du soleil et des météores, c'est celle qui permet à la pluie d'être absorbée avec plus de facilité, c'est la seule qui permette à l'irrigation une action égale sur tous les points; la nature et ses cataclysmes tendent à rétablir les niveaux détruits ; l'homme ne construit solidement qu'en soumettant toutes ses assises à la disposition horizontale, et quelle plus grande leçon que celle donnée à ce sujet par l'homme qui cultive aux points les plus difficultueux!

Voyez dans les Cévennes, c'est par une succession de planches horizontales élevées en amphithéâtre, appelées *faissos*, que les laborieux habitants parviennent à retenir les terres, que les pluies des montagnes entraînaient dans les vallées ; dans les lieux les plus escarpés, les Cevennois diminuent ou divisent les pentes par *des murs en pierres sèches*, et l'agriculteur s'y donne souvent le rude travail de prendre, au bas de la montagne, les terres que les torrents y ont amoncelées, pour les transporter sur son dos, afin de reformer ces terrasses et de les livrer à la culture.

Comme le dit M. le baron d'Hombres-Firmas: « Dans les montagnes plantées de châtaigniers, des *valats* (*tranchées*) sont creusés de distance en distance pour recevoir les eaux du ciel et les diriger vers les ravins. Après quelques instants de pluie, ces *valats*, remplis de celle qui tombe dans les intervalles qui les séparent, font couler l'eau, les uns à droite, les autres à gauche, sur les croupes des montagnes, et formeraient dans toutes les gorges des torrents impétueux si le Cevennois ne savait rendre leur cours moins rapide.

» Après avoir empêché l'eau de se creuser des sillons profonds en les recevant dans des *valats* qu'il a soin d'entretenir nettoyés, il les retient par des *rascassos* (*pierrées*) dans les ravins où elles déposent la terre qu'elles charrient et forment des étages plans qu'elles arrosent, au lieu de se précipiter du haut de la montagne et de la décharner jusqu'au roc, comme cela arriverait sans ces préparations. »

Le Cevennois a compris la nécessité des planches horizontales ! et la nature remplit ses *rascassos* en y déposant la terre en étages plans !

Voyez dans l'agreste Suisse, il n'y a pas une anfructuosité de rocher, une montagne escarpée, une rive de précipice, où le laborieux habitant n'aille transporter, à travers mille dangers, et sans tenir compte de ses fatigues ou de ses sueurs, un peu de terre qu'il a le soin de déposer par couches horizontales, dans la crainte que les eaux n'en entraînent un atome dans l'abîme !

Voyez dans nos cités, dans nos campagnes, partout où il existe, à la portée de nos habitations, un terrain incliné, tel chétif et tel aride qu'il soit, on en soutient les terrasses horizontales successives par des murs de la construction la plus solide, et ces maçonneries dépassent souvent, par leur prix, dix fois la valeur du terrain !

Voyez le jardinier intelligent, qui est le modèle du cultivateur, laisse-t-il un coin de son jardin qui ait un défaut de niveau? oh ! il s'en garderait bien, car il sait que si sa planche n'était pas parfaitement horizontale, l'eau qu'il verse sur une plante, au seul moment où elle en a besoin, se dirigerait à l'instant même sur une plante voisine qui souffre peut-être d'avoir été trop arrosée !.......

IX.

Tull et Duhamel ont dit avec raison que l'opération principale en agriculture est le labourage et presque la seule source de la fécondité de la terre ; il est donc fort important de se rendre compte des systèmes de labourage employés et de reconnaître s'ils ont toute la perfection désirable.

Les conditions d'un *bon labour* sont de bien ameublir la terre ; de soulever, par le soc, la terre du fond de la raie, pour la ramener à la surface, tandis que celle de la surface doit être entraînée au fond de la raie. De là, on conçoit l'immense avantage d'une charrue à versoir ; de là surtout la plus grande perfection des *labours faits à la main*, car alors la terre est ramenée de fond, avec intelligence, avec intention, et elle est étendue et divisée et ameublie à la surface. Ces conditions d'un *bon labour* indiquent comme la chose la plus essentielle de bien ameublir la terre, or il faut pour cela deux choses : 1° opérer le labourage au moment où la terre est bien disposée, c'est-à-dire choisir le temps convenable, le moment propice, et c'est ce qui peut toujours se faire sans tenir compte du système de labourage qui sera employé ; 2° il faut que la terre soit également bien disposée à s'ameublir dans toutes ses parties, et, sous ce point de vue, la disposition de la majeure partie de nos cultures ne peut permettre d'obtenir ce résultat, car nous avons peu de terres qui n'aient à la fois des parties hautes et basses, donc des terres plus ou moins asséchées, et dès lors plus ou moins disposées à s'ameublir convenablement. Si nos terres labourables étaient disposées horizontalement, comme les planches de nos jardins, la condition réclamée pourrait être obtenue, et l'ameublissement de la terre serait le même dans toutes les parties d'un champ. Ainsi, les systèmes de labourage aujourd'hui connus, ne faisant pas disparaître les défauts de niveau de nos cultures, ont un vice radical auquel il est important de remédier.

Les labours doivent détruire les mauvaises herbes, faciliter l'extension des racines et le développement des minces chevelus; ils doivent mélanger les engrais superficiels dans toute la masse de la couche végétale; ils doivent aider à l'égale répartition de la chaleur atmosphérique et de l'humidité des pluies, et mettre les matières solubles ou fermentescibles dans les circonstances les plus favorables à leur dissolution dans l'eau ou à leur décomposition par l'oxygène de l'air. Sous ces derniers points de vue, des terrains qui ont nécessairement des parties hautes et des parties basses, et des sillons qui ont un ados élevé où les eaux ne séjournent pas, et des raies où les eaux séjournent trop, ne sont pas dans les conditions nécessaires pour qu'il y ait *égale répartition de la chaleur atmosphérique et de l'humidité des pluies*. Nos systèmes de labourage aujourd'hui en usage ne peuvent donc produire les résultats demandés ; ils ne seront obtenus qu'au moment où nos cultures seront ramenées à la disposition horizontale qui assurerait une égale action des rayons solaires et une égale action de l'humidité des pluies, ou une égale action des irrigations.

Les labours doivent diviser la terre *en la rendant plus poreuse*, et en exposant un plus grand nombre de points de sa surface au contact de l'atmosphère. Il est démontré *que les terres les plus absorbantes des gaz sont les plus fertiles*, et que les champs les mieux labourés contiennent le *plus d'air*, et reçoivent le *plus d'eau*; l'expérience des siècles a conduit le cultivateur à reconnaître la *puissance fécondante des rosées sur ses terres*, aussi quand il ne peut leur donner la *puissance fécondante des pluies*, remue-t-il et travaille-t-il le sol en se disant qu'il porte ainsi à l'intérieur de ce sol la nourriture nécessaire à toute végétation, plante ou arbre. Tel est le raisonnement du cultivateur, et ce raisonnement est sain; mais, l'application n'est pas à la hauteur du principe, car des terres qui contiennent *plus d'air et plus d'eau en un point qu'en un autre*, des terres dont l'ados rejette *la puissance fécondante des pluies*, quand les raies l'absorbent au point d'être complétement improductives, des terres, dis-je, ainsi disposées ne sont pas dans les conditions réclamées par la saine pratique qui est ici en rapport parfait avec les principes de la théorie ou de la science.

Ce qui n'est pas produit, ce qui manque à nos systèmes de labourage, c'est que les terres ne sont pas ramenées à la disposition horizontale, afin de supprimer partout les parties basses et aquatiques, — afin qu'elles reçoivent également sur tous leurs points, les influences atmosphériques, — afin qu'elles reçoivent les eaux et les absorbent au lieu de hâter la vitesse de leur écoulement; la disposition horizontale des terres doit d'ailleurs régulariser la puissance et les effets de l'irrigation sur tous les points. On conçoit qu'il est nécessaire, urgent même, de chercher à produire ces précieux avantages, aussi forment-ils la base de notre nouveau système de labourage, que nous appelons *labourage horizontal.*

En dehors de la culture à bras, ou à la main, deux systèmes de labourage sont en usage; celui, qui est trop généralement employé, malgré ses nombreux défauts, est *le billonnage, le labourage en sillons ou en billons*; le second système, assurément préférable, et qui est employé partout où l'agriculture est en progrès, est le *labourage en planches*, *ou à plat*, en suivant les inclinaisons du sol.

Nous allons nous occuper successivement de ces divers systèmes de labourage.

X.

La culture en *sillons* ou en *billons*, connue sous le nom de *billonnage*, est conservée surtout par l'empire de l'habitude et parce que le laboureur redoute les innovations et en craint l'insuccès, qui peut lui enlever les ressources qui lui sont indispensables.

Dans ce système de labourage, la terre est ramenée à l'axe du sillon de manière à y former un ados plus ou moins élevé, et deux raies, pour faciliter l'écoulement des eaux, sont ménagées sur les deux rives du sillon. Il résulte de cette disposition que, par la succession des labours, les bas côtés des sillons sont exposés à l'action des eaux et qu'ils sont privés d'une profondeur suffisante de terre végétale; ces fractions du champ, sur les deux rives latérales, ne produisent donc rien, ou n'offrent que des épis maigres et rares. Par la succession des labours, l'ados du champ, au contraire, a une couche de terre végétale plus épaisse, par les exhaussements obtenus, en sorte que, par la direction donnée au labourage, l'axe du champ est seul disposé pour produire une belle végétation.

Mais si, sous le rapport de la profondeur de la couche végétale, l'ados du champ est traité de manière à produire beaucoup, il n'en est pas de même sous le rapport de l'action fécondante des eaux, car l'ados étant produit par deux plans inclinés, l'action des pluies y est à peine sensible : l'eau produite y est à l'instant entraînée, à droite et à gauche, par les pentes transversales de l'ados, pour être reçue aussitôt dans les deux raies improductives, qui ne sont établies que pour se débarrasser plus vite de la bienfaisante pluie que la Providence, dans sa sage prévoyance, envoyait au cultivateur pour qu'il en use dans l'intérêt de ses récoltes.

Il serait difficile de découvrir un moyen de culture qui emploierait toutes choses, c'est-à-dire la terre et l'eau, d'une manière plus inintelligente.

Ainsi, dans ce système de culture, jamais l'ados n'éprouve un excès d'humidité, mais la terre y est presque constamment trop asséchée.

Comme l'a si bien expliqué M. Oscar Leclerc-Thouin, « l'eau, par une cause ou une » autre, s'accumule presque toujours, au moins » par places, dans les rigoles, et il est le plus » souvent impossible de faire des saignées, » dans le sens des diverses pentes du terrain ; » et, dans les temps de sécheresse, lorsqu'il

» survient une pluie d'orage, au lieu de pé-
» nétrer dans la croûte durcie qui forme la
» surface du sol, elle ne fait que glisser à sa
» superficie, de sorte que quelquefois les ri-
» goles sont insuffisantes pour contenir l'eau
» qui s'y est jetée, tandis que *l'ados se trouve*
» *presque aussi sec qu'auparavant.* »

Les billons rendent les opérations de la culture plus pénibles, les transports des engrais et des récoltes y sont difficiles à cause des continuelles inflexions du terrain, les travaux du hersage ne s'opèrent qu'imparfaitement et avec plus de temps, et les labours croisés sont rendus impossibles, malgré toute leur utilité.

Par l'emploi de ce système, la multiplicité des raies d'écoulement conduit à des pertes sensibles en agriculture, car ces parties, qui rapportent à peine quelques chétifs épis, n'ont pas moins conduit aux coûteux travaux de l'emploi des engrais, des labours successifs, des semailles, etc.

Les labours en billons, nous l'avons dit, conduisent à un déplacement de terre qui, suivant les localités, est plus ou moins étendu, et, dans certaines contrées, pour des sillons ordinaires, le milieu du champ est parfois élevé de plus de 0,70 à 0,80 centimètres au-dessus du fond des raies d'écoulement des eaux. Nous supposerons un instant que le milieu du champ ait une belle végétation en rapport avec la hauteur de la terre végétale qui y existe et qui devrait produire les avantages d'un labour profond. Mais, si l'ados du champ présente cet avantage d'un bon rapport, nous devons l'ajouter, les bas côtés sont si exposés à l'action érosive des eaux, que la terre y est parfois ravinée et enlevée, et que, d'autres fois, elle forme une croûte durcie, qui empêche tout produit d'y croître. Il y a donc dans ce système de culture une perte incontestable de terrain, qu'il faut apprécier: les deux raies d'écoulement, à droite et à gauche, ne rapportent rien, et si l'ados du champ offre une belle récolte, comme nous le supposons, les parties intermédiairement placées, entre l'ados et les raies, ne produisent, cela est incontestable, qu'une récolte en rapport avec le point qu'elles occupent. En fait, le produit réel de chaque champ, dans ce système, doit être calculé environ sur la moitié du produit réel obtenu à l'axe de l'ados du champ, car, à partir de cet axe, le produit diminue progressivement, en s'éloignant de l'ados, jusqu'au point d'être réduit à zéro aux raies d'écoulement qui terminent, à droite et à gauche, le billon.

Tel est le système de labourage qu'on continue à employer dans de nombreuses contrées, et s'il n'est pas remplacé partout par le système *de labourage en planches*, infiniment préférable, on le doit à la lenteur avec laquelle les améliorations s'introduisent en agriculture.

XI.

Le système de *labourage en planches*, *ou à plat*, en suivant les inflexions du sol, est un perfectionnement incontestable, aussi, le célèbre et modeste M. Mathieu de Dombasle, frappé des nombreux défauts du *billonnage*, a-t-il formellement proscrit ce système d'autant plus ruineux que les sillons sont étroits, et s'est-il empressé d'aplanir les cultures de la ferme de Roville par des labours successifs, en supprimant les billons qui y avaient été établis avant lui ; nous réclamons ce même changement pour toutes les localités, et, comme nous le dirons bientôt, nous demanderons, au lieu d'opérer le labourage en planches en suivant les inclinaisons du sol, nous demanderons, dis-je, d'opérer ce labourage *par planches horizontales*, afin d'y introduire, sans plus de travail, et sans plus de dépense, l'irrigation par le fait de la chute des eaux pluviales, immense avantage auquel personne n'avait songé avant nous.

Nous allons rapporter textuellement, au sujet du labourage *en planches ou à plat*, l'opinion de Thaer, qui rend un compte parfait de cette opération :

« L'écoulement des eaux que dans bien des lieux on cherche à procurer, surtout par le moyen des rigoles qui séparent les billons, s'obtient toujours d'une manière plus parfaite au moyen des raies que, sur le champ *labouré à plat*, on trace d'abord après avoir accompli la semaille, et auxquelles on donne la tendance la plus directe et la plus propre à l'écoulement de ces eaux, ce qui n'a pas toujours lieu pour les rigoles des billons.

» Ces *raies d'écoulement* peuvent être multipliées dans les lieux où elles sont nécessaires, et l'on en fait abstraction dans ceux où elles ne seraient pas utiles.

» Les sols labourés à plat conservent une égale répartition de leur terre végétale sur toute la superficie, tandis que ceux labourés en billons en sont privés dans des places pour l'avoir en surabondance dans d'autres. Ces premiers conservent sur toute leur étendue une même épaisseur de terre remuée ; ils favorisent une répartition plus égale du fumier qui, sur les terrains labourés en billons étroits, a de la disposition à s'amasser dans les rigoles ; leur matière extractive n'est pas entraînée sur la pente des billons et dans les rigoles ; mais surtout la semence y est mieux répartie : on l'y répand à la volée.

» La herse agit sur toute la surface et d'une manière plus uniforme ; le hersage en rond, qui est si efficace, devient à peu près impraticable sur un terrain labouré en billons ; le hersage en travers même est rendu beaucoup plus difficile par cette dernière manière de disposer le sol. Aussi le terrain labouré à plat peut-il beaucoup mieux être nettoyé de chiendent et des mauvaises herbes qui se multiplient par leurs racines.

» Le charroi, et surtout celui des récoltes, y est beaucoup plus facile.

» Enfin le faucheur et le faneur y accomplissent leurs travaux avec bien moins de peine. Les céréales y reposent à plat après qu'elles ont été séparées de leur chaume; elles n'y tombent pas dans les rigoles pour y être gâtées par les eaux, comme cela n'arrive que trop souvent dans les champs labourés en billons étroits. Le râteau y agit avec beaucoup plus de promptitude, et c'est seulement là qu'on peut se servir du grand râteau, qui rend de si bons services lors de la moisson. »

Le labourage en planches ou à plat produit, sur le billonnage, tous les avantages indiqués par Thaer; seulement il présente l'inconvénient de conserver aux terres leurs inclinaisons ou leurs pentes, en sorte que chaque planche a sa partie haute et sa partie basse, c'est-à-dire un point où les eaux se portent et se conservent plus naturellement, ce qui produit le désavantage que si le labour est fait en temps opportun pour la partie supérieure du champ, il est nécessairement fait en temps inopportun pour sa partie inférieure. Ce même système a contre lui le désavantage de nécessiter ordinairement des raies d'écoulement pour les eaux, en outre des pentes naturelles du sol, en sorte que les eaux pluviales y servent peu pour la fécondation des plantes. Enfin le défaut d'*horizontalité* de ce système de culture, fait que l'action des irrigations n'y serait pas également propice sur tous les points.

Quoiqu'il en soit, nous le répétons, l'introduction du système de labourage *en planches ou à plat* a été une amélioration essentielle dans l'art agricole et un bienfait, parfaitement apprécié dans toutes les localités où ce système a été introduit.

XII.

Le *labourage horizontal*, qui est celui que nous proposons de substituer aux deux systèmes aujourd'hui en usage, présente tous les avantages du labourage *en planches ou à plat*, et il y ajoute tous ceux qui résultent de la disposition horizontale du sol ; c'est à proprement parler l'introduction de la culture perfectionnée, telle qu'elle se pratique habituellement pour les parties réservées au jardinage.

Par l'introduction du *labourage horizontal*, les parties basses et aquatiques disparaissent complètement ; le sol est partout soumis à une égale action de la chaleur atmosphérique, à une égale action de l'humidité, et l'irrigation devient praticable partout, se conserve le temps voulu par le cultivateur, et cesse au moment même où il en reconnait l'opportunité.

Par ce système, le terrain sera partout également ameubli, et les semences seront réparties partout avec la plus parfaite égalité, sans être jamais entraînées ou perdues.

Dans un terrain parfaitement horizontal, les sucs nutritifs se répartissent partout également et produisent leur effet avec plus d'efficacité.

Les engrais, sur un terrain horizontal, sont épandus et mélangés partout à une égale profondeur, et jamais ils ne peuvent être entraînés vers les sols inférieurs.

Par ce système de labourage, sur tous les

points d'un champ, les matières solubles ou fermentescibles sont dans les circonstances les plus favorables à leur dissolution dans l'eau ou à leur décomposition au moyen de l'oxygène de l'air.

Ici le labour aura la perfection d'un travail fait à la main, et tous les sols seront parfaitement nivelés et dressés.

Dans ce labourage, *l'entrure* du soc sera partout la même, et l'on pourra plus facilement régler les labours exactement sur ce qui est nécessaire pour les cultures à introduire, puisque les plantes fourragères ne pénètrent le sol que de quelques centimètres, les blés de 0,135 à 0,162, tandis que les navets, carrottes, etc., réclament plus de profondeur, et que certaines espèces de betteraves pénètrent même le sol de 0,45 à 0,50 centimètres. Le cultivateur pourra donc toujours traiter son labour, avec régularité, et sur tous les points, en raison de la culture à laquelle il veut se livrer.

Le labourage horizontal réunit tous les avantages des systèmes aujourd'hui en usage, et il n'a aucun de leurs défauts; par ce nouveau labourage, tout ce qui est réclamé par la science et par une saine pratique est obtenu et réalisé, aussi désirons-nous ardemment que, dans chaque localité, un agronome ami du progrès, et mu par le désir de se rendre utile à son pays, tente un premier essai de ce système de culture ; les avantages incontestables qu'il obtiendra multiplieront partout les imitateurs, et nous serons surtout heureux des tentatives qui seront faites pour supprimer complètement la culture en *billons*, qui ne devrait plus être en usage à une époque où l'homme réfléchit et compare, à une époque où chaque cultivateur a les notions nécessaires pour reconnaître par lui-même combien le *billonnage* est loin de lui donner sa terre dans la disposition où il la voudrait, et de lui donner des produits en rapport avec ses travaux et ses déboursés.

XIII.

Deux moyens pourront être employés pour substituer le *labourage horizontal* aux systèmes de culture jusqu'à présent en usage :

Par le premier moyen, l'amélioration serait

lente et progressive ; à chaque labour, la modification s'opérerait en partie ; mais, en traitant les choses de cette manière, le nouveau système serait réalisé sans occasionner aucune dépense en plus au cultivateur ; nous présumons que ce moyen, que nous appelons *introduction du système par des labourages successifs*, sera généralement préféré.

Le second moyen, plus prompt, et qui doit produire immédiatement un revenu en plus, est *l'introduction du système par des travaux en déblais et remblais* ; on conçoit que ce moyen conduit à une première dépense en travaux de terrassements, qui peuvent tous s'exécuter pendant la morte saison.

Avant d'entrer dans les détails pratiques de la réalisation de notre système, nous croyons devoir d'abord indiquer en quoi les divers modes de labourage diffèrent par l'aspect général.

En supposant, *Fig.* 5e, l'inclinaison générale du sol actuel représentée par la ligne AB, la section, ou la coupe, pour le labourage en *billons*, sera représentée par les lettres ECFD, les points C et D indiquant l'ados des sillons, et les points

E et F, indiquant le fond des raies latérales ménagées pour l'écoulement des eaux.

FIGURE 5e.

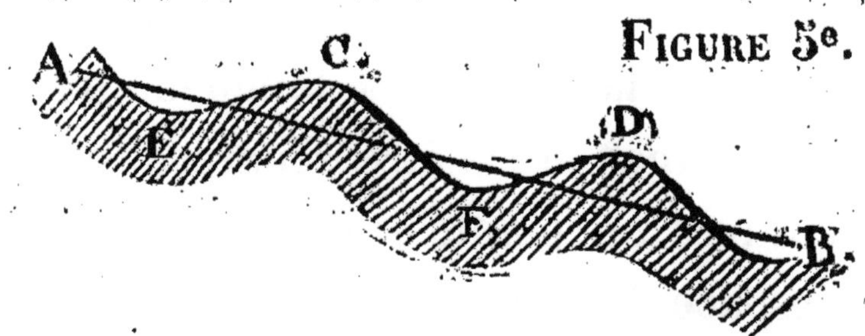

La *Fig*. 6e, pour la même inclinaison générale AB, indique, par les lettres CD, les deux

FIGURE 6e.

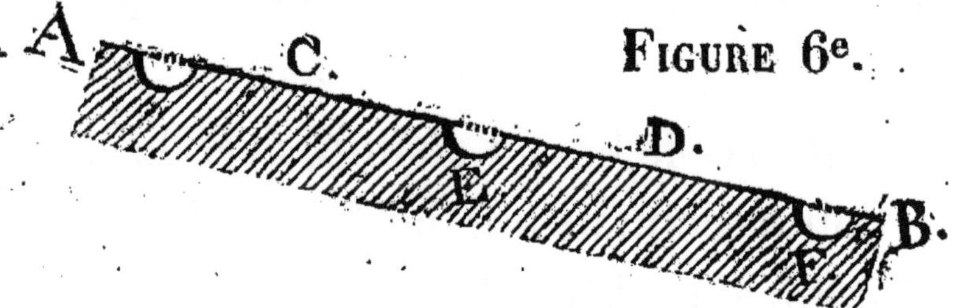

planches du *labourage à plat*, et les lettres EF figurent les raies d'écoulement des eaux.

Enfin, la *Fig*. 7, pour la même inclinaison générale AB, indique, par les lettres CD les deux planches du *labourage horizontal*, et les lettres EF indiquent les talus qui séparent les planches horizontales.

FIGURE 7e.

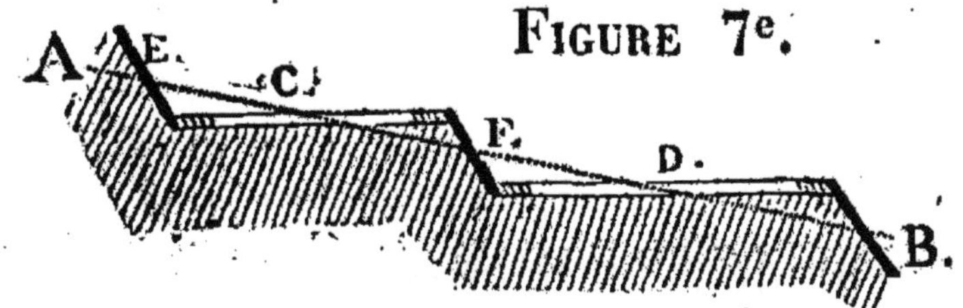

L'effet général des terrains ramenés à la disposition horizontale est indiquée par la *Fig.* 7e. Les planches s'élèvent en amphithéâtre et se succèdent dans toute la longueur du plan incliné, de manière à être séparées par des talus cultivés ou plantés, afin de ne perdre aucun espace de terrain.

Pour ramener rationnellement et utilement les terrains à *l'horizontalité*, sans jamais attaquer un sous-sol inconnu et qui ne conviendrait pas à la culture, on commence par sonder, vers le haut et vers le bas du champ, avec la bêche, et, si l'on reconnaît que la terre végétale, ou le sol cultivable AH, CI, *Fig.* 8e, a 0,60 c. de

FIGURE 8e.

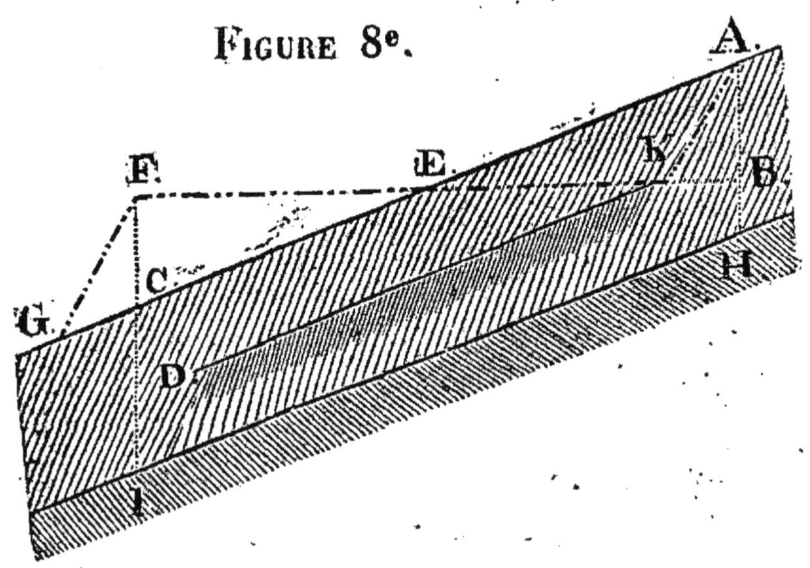

profondeur de A en H et de C en I, et qu'on

veuille laisser à la terre, dans le haut, 0,30 c. de profondeur pour le labour, sans atteindre le sous-sol HI, cela déterminera que le remuement des terres pourra être porté en déblais, 0,30 c. de profondeur vers K, ce qui fera que le remblai, en exhaussement (par la succession des labours) sera de la hauteur de C en F. Il en résultera qu'il ne sera employé à la culture qu'un bon terrain reconnu et constaté à l'avance. Tout, dans le travail que nous indiquons sera donc réduit à équilibrer les déblais AKE avec les remblais EGF. Alors le champ horizontal aura la direction de la ligne FB, la partie à livrer au *labourage horizontal* s'étendra de F en K, et les berges AK et FG pourront être cultivées ou plantées suivant leur inclinaison.

Dans notre système, nous voulons chercher à éviter jusqu'au moindre tâtonnement, aussi recommandons-nous très-particulièrement de ne jamais négliger d'acquérir, préalablement à tout travail, la connaissance du sol sur lequel on opère, et de son sous-sol, seul moyen d'arriver à se rendre compte dans quelle proportion le sous-sol pourrait être ramené et mélangé à la couche végétale supérieure. Ainsi, pour la

Fig. 8e (*page* 294), si le sous-sol se rencontrait à la ligne DK, c'est-à-dire à 0m 30 centimètres de profondeur, comme cela a été dit en K ; et qu'il eût été reconnu utile de mélanger le sous-sol par moitié avec la couche de terre végétale, on comprend qu'on pourrait ramener, par un défoncement, le sous-sol jusqu'à la ligne HI, qui se trouve à 0,60 c. au-dessous du sol supérieur AG.

Par les défoncements, c'est-à-dire par les labourages profonds, qui attaquent et ramènent du sous-sol, on augmente la couche de terre végétale, mais il existe un soin particulier à avoir, c'est de ne ramener que la quantité de sous-sol qu'il peut être utile de mélanger avec le sol supérieur. Plus les terrains sont profonds plus ils peuvent *absorber l'eau des pluies*, et moins alors leur dessication est rapide. Le conseil le plus prudent est de ne mélanger le sous-sol que lentement, en opérant petit à petit, et d'année en année.

Comme nous l'avons dit précédemment, par le fait du *labourage horizontal*, chaque champ est ramené à la ligne de niveau FK, *Fig.* 8e (*page* 294), et la disposition générale de ce champ se transforme alors comme l'indique la *Fig.* 9e, où la ligne ponctuée AKFG indique

FIGURE 9e.

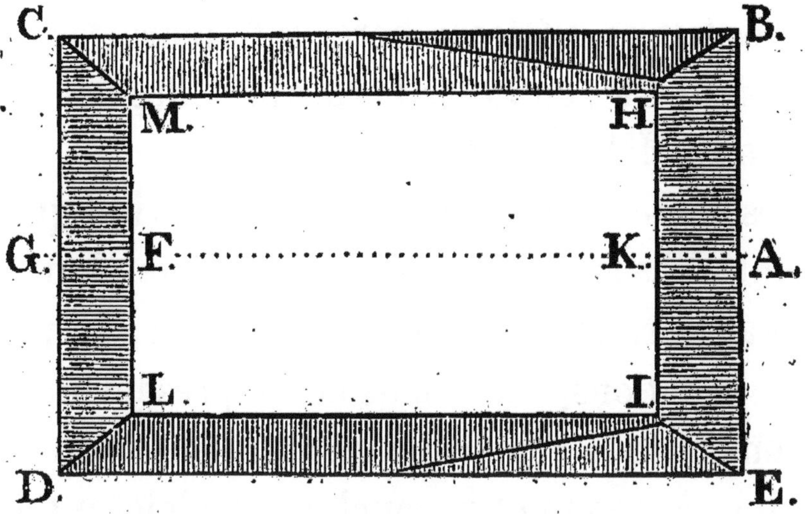

la ligne de coupe correspondante AKFG de la *Fig.* 8e, (*page* 294). Dans les deux Figures, dont l'une est le plan et l'autre la coupe, les lettres AK indiquent la berge supérieure, les lettres KF le champ horizontal réservé à la culture, et les lettres FG la berge inférieure qui se forme par le fait du labourage horizontal. Toute la superficie du champ est comprise dans le quadrilatère BCDE, *Fig.* 9e (*page* 297); la partie horizontale, disposée pour la culture, est circonscrite par les rives des berges HMLI, et les berges au pourtour sont le résultat des déblais et des remblais exécutés, où le résultat des labours successifs qui ont fini par ramener la superficie du champ à la disposition horizontale. Ainsi la berge supérieure est indiquée par les lettres **BEHI**; la berge inférieure par les lettres **MLCD**; enfin les berges latérales par les lettres **BCHM** et **DELI**.

Les berges, comme nous l'avons déjà indiqué, seront utilisées soit par des cultures de plantes fourragères, ou de plantes potagères, ou par des plantations, etc., mais dès à présent nous devons faire la remarque qu'au moment où les voisins, à droite et à gauche, emploieront le labourage horizontal, les deux berges latérales pourront disparaître complètement, en sorte que les travaux indiqués par la *Fig.* 9e (*page* 297), sont ceux qui seront réalisés quand un seul propriétaire adoptera le nouveau système de labourage.

Dans le cas indiqué par la *Fig.* 8e (*page* 294), le terrain a permis de n'établir qu'une seule planche horizontale de K en F; mais, quand l'inclinaison du terrain y oblige, comme cela est indiqué par la *Fig.* 7e (*page* 293), on divise l'espace AB en deux planches horizontales C, D, et l'on comprend qu'il sera toujours facile de séparer toutes les planches horizontales qui seraient nécessaires par des berges, comme la *Fig.* 7e en fournit l'exemple.

Quant à l'opération du labourage en elle-même, notre seule modification consiste en ce qu'au lieu de ramener la terre à l'axe du sillon, pour y former un ados, comme dans le *labourage en billons*, nous faisons ramener la terre à la rive inférieure de manière à l'élever progressivement, par la succession des labours; et, à la partie supérieure des champs, l'opération inverse s'exécute, pour tendre également au nivellement du sol. Dans le labourage horizontal, comme l'indique la *Fig.* 10e, la charrue commence le travail à la rive inférieure du champ AB, et, en allant et en revenant, elle

Figure 10e.

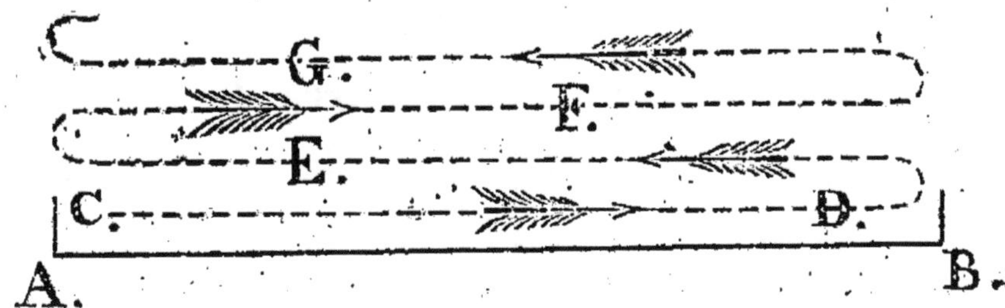

renverse toujours la terre du même côté, vers la rive inférieure, et recouvre successivement le premier travail fait, en se dirigeant de C en D, en E, en F et en G.

Comme pour arriver à niveler plus promptement le labourage et au mélange du sous-sol (quand il aura été reconnu utile), il sera souvent nécessaire de recourir aux défoncements à la charrue, nous conseillerons de donner, d'année en année, ou de labour en labour, un peu plus *d'entrure* au soc de la charrue pour ramener progressivement une plus grande quantité de sous-sol. La charrue à double soc pourra être employée utilement au bout d'un certain temps pour soulever le sol à la fois à deux profondeurs, dont la seconde serait le double de la première, et quand on ne possédera pas de charrue à double soc on pourra, pour les défoncements, faire passer, à la suite l'une de l'autre, deux charrues à versoir dans le même sillon.

Quand le sous-sol ne devra pas être mélangé avec le sol supérieur, on pourra le diviser seulement, sans le ramener à la surface, en faisant passer, à la suite de la charrue à versoir, une charrue sans versoir, de manière à diviser le sous-sol au fond de la raie.

On comprend que si nous conseillons les

labourages profonds pour augmenter la couche de terre végétale, ou faciliter l'absorption des eaux pluviales, le labour de semaille ne sera pas modifié pour cela et qu'il n'aura que la profondeur ordinaire.

Comme complément, nous recommanderons aux cultivateurs, en nous appuyant de l'opinion de M. O. Leclerc-Thouin, de celle du savant Thaer, et de la pratique des meilleurs cultivateurs, de combiner le versoir de la charrue de manière qu'il retourne la bande de terre obliquement, au lieu de la poser à plat, comme l'indique notre *Fig.* 11e.

FIGURE 11e.

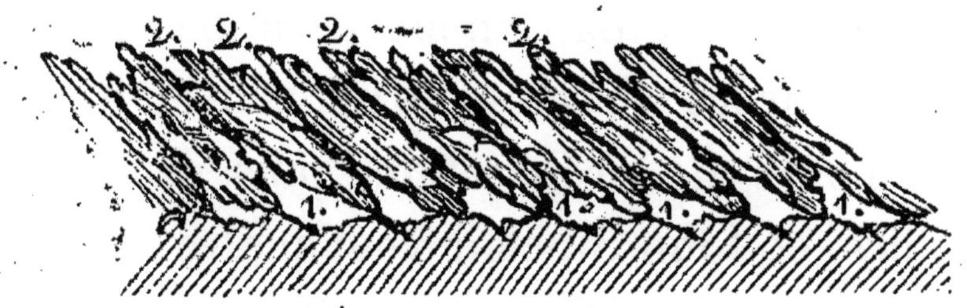

Cette disposition inclinée laisse des espaces vides 1, 1, 1 entre les bandes de terre versées, ce qui produit un ameublissement du sol plus parfait; l'air circule ainsi plus aisément à l'intérieur du sol jusqu'à la profondeur donnée au labour, et les espaces ainsi réservés permettent la facile introduction des eaux pluviales et leur conservation dans le sol, toutes choses extrêmement favorables à la culture.

Il n'est sans doute pas inutile d'ajouter que la disposition inclinée, que nous recommandons ici, donne aux bandes de terre retournées beaucoup plus de points de contact avec l'atmosphère, et que l'opération du hersage s'opérera plus facilement et plus complètement, en attaquant les sommités des bandes 2, 2, 2, pour les émietter et les pulvériser, qu'en opérant sur des bandes posées à plat, qui ne présentent qu'une surface unie à l'action de la herse.

On donne ordinairement trois ou quatre labours pour les céréales. Rozier veut au moins trois labours de préparation, puis ceux des semailles, et John Sinclair veut quatre labours de jachère avant celui des semailles. Nous espérons que les cultivateurs pourront souvent diminuer ce nombre de labours, car, un des avantages de mon système, c'est que les terrains, devenant plus facilement perméables à l'eau, pourront être labourés presque en tout temps, et comme la principale chose en culture n'est pas le nombre des labours, mais de pouvoir les faire à propos, en temps opportun, il en résultera assurément que la préparation des terrains sera meilleure avec un labour de moins, et ce sont des frais considérables et des peines que j'économiserai ainsi aux cultivateurs. En agriculture, on le sait, un travail fait en temps utile vaut mieux qu'un travail bien fait.

Comme nous démontrerons bientôt que, dans mon système, il est facile de se débarrasser des eaux quand il convient, on conçoit que les terres n'auront jamais, en certains points, une surabondance d'humidité qui empêche les bons labours. Comme j'évite aussi, par mon système, que les bandes de terre, lors du labourage, soient boueuses, la sécheresse ne les transformera pas, comme par le passé, en mottes sèches et d'une extrême dureté que la herse ne peut diviser.

L'une des grandes difficultés pour le laboureur, par les anciens systèmes, c'est le choix d'un temps convenable pour procéder à ses travaux, tandis qu'avec le système que j'introduis, les terres seront plus généralement bien disposées en toutes saisons, les labours seront traités quand le laboureur le voudra, et le sol aura toujours le temps de s'aérer, et il sera toujours possible de tenir compte de la trop grande sécheresse ou de la trop grande humidité des saisons.

Dans beaucoup de localités, on dirige les labours dans le sens de la pente générale du terrain, afin de faciliter l'écoulement des eaux, et ce système a un résultat bien pénible contre lui, c'est que, s'il facilite l'écoulement des eaux, il devance le moment où les terres sont trop desséchées ; d'un autre côté, il augmente la fatigue des attelages, et les engrais et les humus sont trop facilement entraînés vers les terrains inférieurs. Nous ne saurions donc trop recommander de changer cette disposition des labours, et ce sera un pas de fait vers l'adoption de mon système.

Quand le labourage est dirigé dans le sens perpendiculaire à la pente du terrain, il conserve mieux l'humidité, il fatigue moins les attelages et conserve mieux les engrais ; mais ce labourage rendait parfois les terres, par les systèmes aujourd'hui en usage, trop humides ou trop compactes en certaines saisons, et puis, comme on l'a dit avant nous : « ces labours » sont fort imparfaits dans les parties où la » bande de terre est rejetée en haut, parce » qu'elle est rarement retournée et qu'elle » retombe dans la raie. » On conçoit que mon système de labourage horizontal évite tous ces défauts qui sont dûs à la déclivité des terrains.

La pratique démontre que, sur les terrains inclinés, les façons données aux terres tendaient à dénuder les sommités et dès lors à les rendre moins propres à la culture, et le labourage horizontal étant accueilli on conçoit que ce défaut disparaîtrait complètement.

Dans quelques parties du Nord, où la culture est soignée, on laboure les champs à la bêche tous les six ou huit ans, afin de régulariser la culture, et pour enfouir les engrais à une profondeur convenable. Ce travail coûteux sera complètement épargné par l'emploi du labourage horizontal.

Quand tous les champs seront formés de planches horizontales, l'eau sera partout recueillie avec la même facilité ; l'action puissante des gelées de l'hiver sera la même sur tous les points d'une culture, dès lors le terrain se réduira partout, avec une égale facilité, en terre meuble, et les semailles auront le même succès sur tous les points de la superficie d'un champ.

Enfin, chaque champ, par notre système de labourage, étant ramené à la disposition horizontale ; la vitesse d'écoulement des eaux pluviales sera complètement supprimée, et, comme nous l'expliquerons bientôt, l'irrigation pourra être réalisée partout, presque sans travail ; mais le point sur lequel nous insistons en ce moment, c'est que les dévastations aujourd'hui produites par les pluies d'orage, ne pourront plus exister, et que les désastres causés par les eaux seront remplacés par l'emploi utile de ces mêmes eaux, par leur action fécondante sur toutes les parties de nos cultures.

Malgré les nombreux avantages qui résulteraient de l'adoption de notre système de *labourage horizontal*, nous n'avons pas la prétention de le voir accepter en quelques années ; nous savons qu'en agriculture les améliorations s'introduisent lentement, nous savons qu'il a fallu des siècles pour faire adopter certains perfectionnements de la charrue, on sait combien d'années il a fallu pour introduire en France les utiles prairies artificielles, on sait combien nos savants agronomes ont eu à lutter pour arriver à la suppression de la désolante jachère, je sais donc avec quelle lenteur mon nouveau système de culture sera réalisé ; mais, pourvu que mes réflexions soient accueillies, pourvu que chaque cultivateur accepte et mette en usage un seul point de ma méthode, et qu'il en recueille les fruits, nous serons heureux de ces premiers résultats, et nous nous consolerons en pensant, avec *Gracian*, que la béquille du temps fait plus de besogne que la massue de fer d'Hercule.

XIV.

Avant de décrire notre système de labourage horizontal, nous avons fait connaître par quels moyens simples nous parvenions à réaliser partout, sur les hauteurs comme dans les vallées, les bienfaits de l'irrigation par les eaux pluviales, dont chacun a le droit de disposer à son gré. Nous ne reviendrons pas sur ce que nous avons dit à ce sujet, mais nous allons indiquer avec quelle facilité cette irrigation s'appliquera à tous les terrains soumis au labourage horizontal.

Effectivement, dès que la culture ramènera les terrains *à l'horizontalité*, on comprend qu'il suffira de transformer chaque planche en un réservoir-irrigateur, comme cela a été indiqué par la *Fig.* 1re (*page* 248), et pour mieux faire comprendre la simplicité de cette transformation, il nous suffit de dire que la planche horizontale HIML, *Fig.* 9e (*page* 297), sera transformée en ce réservoir en établissant sur la rive des berges un bourrelet de retenue de 0, 10 centimètres de hauteur, comme cela est indiqué par les lettres AB, CD de la *Fig.* 12e.

FIGURE 12e.

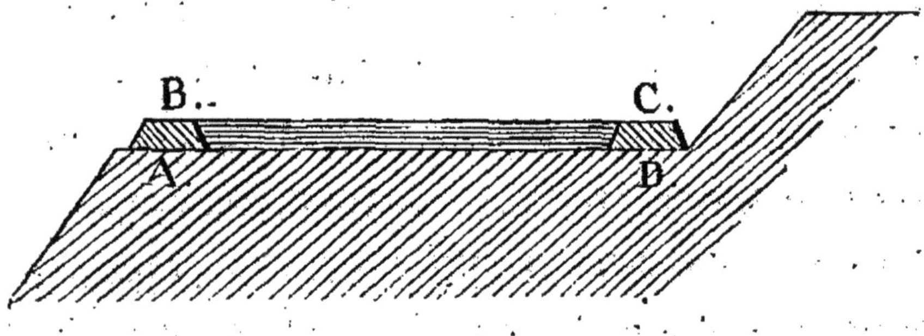

Ce réservoir artificiel contiendra les eaux pluviales dans un décimètre de hauteur, comme notre brevet d'invention l'a indiqué pour tout terrain horizontal.

Tel est le moyen, extrêmement simple, par lequel l'irrigation peut être réalisée dans toutes les propriétés soumises au labourage horizontal, et nous devons faire la remarque que, par l'emploi de ce système de labourage, toutes les parties soumises à la culture étant horizontales, les bourrelets de retenue des eaux n'auront jamais qu'un décimètre de hauteur, tandis que pour tous les systèmes de labourage aujourd'hui en usage, partout où les terrains sont en déclivité ou en pente, il est indispensable de doubler la hauteur des bourrelets de retenue pour qu'ils puissent contenir les eaux pluviales reçues par la superficie du bassin irrigateur.

Par l'établissement du bourrelet de retenue indiqué par la *Fig.* 12e (*page* 308), le champ proposé BCDE de la *Fig.* 9e (*page* 297), sera transformé comme on le voit par la *Fig.* 13e (*page* 310), où les mêmes lettres BCDE indiquent la périphérie de la propriété. Le bourrelet de retenue, qui forme le réservoir-irrigateur, est ici indiqué par les lettres HIML ; sur les berges, au pourtour de la propriété, les lignes ponctuées

Figure 13e.

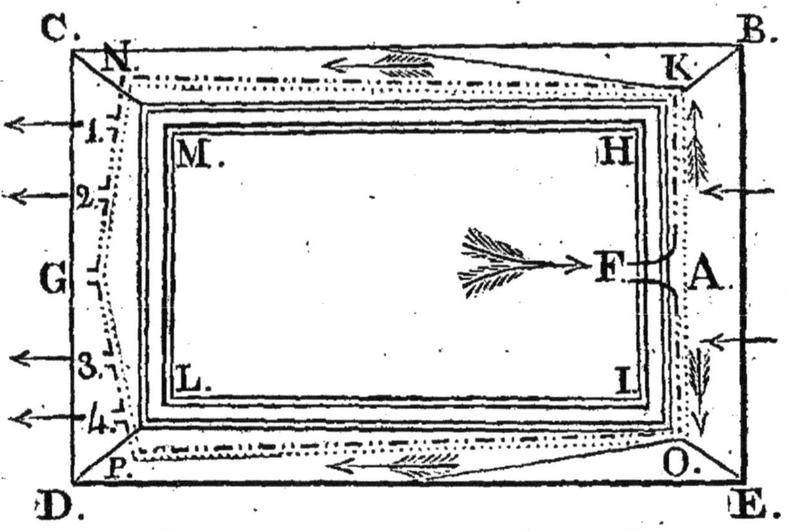

AKNG et AOPG indiquent les rigoles, ou petits canaux, que nous proposons de réserver pour l'écoulement des eaux au moment où il est reconnu utile de cesser l'irrigation, ou pour recueillir les eaux des terrains supérieurs à la ligne BE, les porter vers la berge inférieure NPCD, et les déverser sur la propriété en aval par les diverses décharges indiquées par la lettre G et les chiffres 1, 2, 3 et 4.

On comprend que, quand on le jugera utile, on pourra se dispenser d'établir les décharges 1, 2, 3, 4, en laissant cette rive de la rigole un peu basse, afin que les eaux s'y déversent lentement, à mesure de leur arrivée, et dans toute la largeur du champ de C en D, ce qui démontre que nous ne voulons pas aggraver la servitude de l'écoulement naturel des eaux telle qu'elle est établie aujourd'hui.

Nous venons d'expliquer comment les eaux qui proviendront des terrains supérieurs pourront être rendues aux terrains inférieurs, quand la terre HMLI voudra éviter de les employer. Dans le cas contraire, quand le champ *Fig.* 13e (*page* 310), voudra utiliser en irrigation les eaux des terrains supérieurs, il suffira d'obstruer les rigoles latérales en K et en O, et d'ouvrir le bourrelet de retenue dans la direction de AF, car toutes les eaux, provenant des champs en amont et recueillies d'abord par la rigole de K en O, pénétreront alors, dans le réservoir-irrigateur HMLI, par l'ouverture F, et quand elles y seront en suffisante quantité, il suffira de fermer, par une pellée ou pelletée de terre, l'ouverture F du bourrelet de retenue, et le cultivateur prolongera alors son irrigation tant qu'il en reconnaîtra l'utilité.

Quand on voudra assurer l'irrigation du

champ HIML par la chute des eaux pluviales, il suffira que l'ouverture F reste fermée, afin que le bourrelet règne, sans aucune solution de continuité, tout au pourtour du champ. Alors les eaux pourront s'élever à *un décimètre de hauteur*, étant contenues par le bourrelet, et l'irrigation sera complète, elle sera égale sur toute la superficie du champ, et nulle part le sol ne sera tassé par le cours de l'eau, puisqu'elle est ici à l'état de repos. Par ce système, la terre restera meuble et parfaitement perméable, car rien ne pourra empêcher l'action de l'imbibition du sol, si favorable à la végétation. Il dépendra du cultivateur de prolonger l'irrigation autant qu'elle lui paraîtra utile, et la connaissance de la nature du sol et de son sous-sol sera pour lui très-importante en cette circonstance, aussi pourra-t-il s'aider des renseignements donnés, à la page 252, sur la quantité d'eau retenue par les diverses substances terreuses; enfin, un renseignement pratique qu'il pourra utiliser, c'est que, par les irrigations aujourd'hui en usage, on emploie, en moyenne, pendant une journée seulement, de 150 à 200 mètres cubes d'eau par hectare de terrain. Quand le cultivateur voudra diminuer la hauteur de l'irrigation, il lui suffira de diminuer, à la bêche, la hauteur du bourrelet au point F, *Fig.* 13c (*page* 310), et quand il voudra que l'irrigation cesse complètement, il n'aura qu'à enlever, à la bêche, le bourrelet complet au même point F. On comprend que toutes les eaux du réservoir-irrigateur se dirigeront alors par le point F, qu'elles se déverseront, à droite et à gauche, dans les rigoles AOP et AKN, et qu'elles finiront, en raison des pentes réservées, par descendre vers le champ inférieur par les orifices 1, 2, G, 3 et 4.

En raison de l'étendue, ou de la hauteur des berges au pourtour des réservoirs-irrigateurs, on pourra multiplier les rigoles d'écoulement des eaux, en raisonnant bien leurs pentes, de manière que tous les points reçoivent l'utile action de l'humidité, et comme nous l'expliquerons bientôt, de manière que chaque pied d'arbre, chaque brin de taillis, chaque arbuste, etc., des plantations de ces berges, puisse profiter de l'irrigation, qui doit tout féconder dans un pays où l'agriculture est en progrès.

XV.

Comme nous ne pouvons avoir la prétention de faire accueillir notre système de culture dans toutes ses conséquences, nous engageons les cultivateurs à lire plus d'une fois nos réflexions sur les trois moyens de labourage qui sont aujourd'hui en présence : *le labourage en billons*, *le labourage en planches*, *et le labourage horizontal*, parce que nous avons la certitude que les cultivateurs, qui ne voudraient pas accueillir dès le premier abord notre système d'irrigation, au moyen de retenues ou de bourrelets en terre, se détermineront à améliorer leurs cultures, à les régulariser, à assurer leurs bons résultats par l'adoption du *labourage horizontal.*

Cette simple modification, qui supprimerait partout la vitesse d'écoulement des eaux et faciliterait leur absorption par les terrains cultivés, serait à elle seule un immense bienfait, et, tôt ou tard, et par localités, ou par la succession des années, ou par les exemples donnés par quelques cultivateurs, mon système d'irrigation *par la chute des eaux pluviales* finira par être accueilli. Les améliorations qui peuvent s'introduire lentement et par degrés sont plus assurées d'être adoptées.

XVI.

Par les explications et les réflexions qui précèdent, on doit reconnaître que notre nouveau système de culture tend à utiliser les eaux en toutes circonstances, en évitant les travaux coûteux, et en mettant toutes les parties du sol en plein rapport. D'abord, les eaux pluviales sont reçues par les terrains cultivés, où elles sont conservées le temps utile pour favoriser la végétation ; au moment où le cultivateur trouve que l'irrigation de son champ a été assez prolongée et que le sol est assez saturé d'eau, le surplus des eaux descend dans les rigoles pratiquées sur les berges qui forment les limites des propriétés, afin d'y féconder les cultures, et surtout les plantations que nous proposons d'y établir, car chaque pied d'arbre, au passage de l'eau, sera un point d'arrêt qui facilitera son introduction dans le sous-sol au moyen de ses racines, et l'infiltration des eaux dans le sol sera d'ailleurs partout facilitée par les dépôts du fond des rigoles et par les barrages criblants qu'on pourra y établir au moyen de petites fascines ou fagots de branchages. Tous les terrains étant traités par les mêmes procédés, on comprend que, partout, les sols perméables absorberont les eaux à leur passage, et ne rendront leur trop-plein aux sources et aux rivières qu'après un temps beaucoup plus long, ce qui doit contribuer puissamment à régulariser le cours des rivières et des fleuves.

Nous avons indiqué comment il sera possible de disposer un champ de manière à utiliser complètement les eaux dans l'intérêt des plantes cultivées et des plantations, et l'on comprend que ces dispositions, si favorables à l'augmentation du rapport de la propriété, pourront être employées partout où la disposition du terrain le permettra.

L'une des utiles conséquences de mon système d'irrigation et de labourage horizontal sera de multiplier les clôtures boisées des terres, des prairies, des pâturages, etc., car les berges devant, autant que la chose sera possible, être plantées, la plupart des propriétés finiront par être limitées, comme dans les riches vallées de la Normandie, comme dans les parties soigneusement cultivées de la Belgique et de l'Angleterre, par des haies ou des bocages qui ajouteront au revenu de chaque propriété, en fixant leurs limites d'une manière invariable, ce qui mettra un terme à la plupart des difficultés et des actions judiciaires, dont les frais s'élèvent souvent au-delà de la valeur de toute la propriété.

Les clôtures boisées dont nous proposons l'établissement, rapporteront un revenu nouveau et étendu, dont on se rendra facilement compte, car les praticiens, qui ont l'habitude d'observer, savent que les plantations qui croissent sur les berges ou sur les rives d'un bois, sont beaucoup plus belles que celles de l'intérieur du bois ; dès qu'il en est ainsi, nous n'aurons pas de peine à les convaincre de l'utilité de planter les berges de leurs terrains, quand ils auront adopté notre labourage horizontal.

Le plus ordinairement sans doute les berges seront plantées en taillis, de manière à les couper assez jeunes pour servir pour le chauffage, ou pour les employer pour des cercles, des perches, des échalas, etc. ; les taillis seront surtout employés quand on voudra éviter d'ombrager les terrains voisins.

Les clôtures boisées limitent convenablement les propriétés ; elles empêchent l'introduction des animaux ; elles retranchent les champs du parcours et de la vaine pâture ; enfin celles dont nous proposons l'établissement seront nécessairement d'un bon rapport, car chaque pied de ces plantations sera soumis à une féconde irrigation, si on a le soin, comme nous le réclamons, de les placer dans le fond des rigoles préparées pour l'écoulement des eaux.

Les clôtures boisées défendent et abritent les propriétés et leurs récoltes contre la fureur des vents.

Partout il est reconnu que les champs enclos sont mieux cultivés, mieux entretenus, mieux garantis et d'un plus grand rapport que les autres propriétés.

Comme nous le disions dans notre premier

Brevet d'invention : « Il est reconnu que les haies trop multipliées sont nuisibles dans les terrains naturellement humides et aquatiques, mais il est de fait que les terrains humides sont horizontaux et sans inclinaisons, et dès lors, par l'adoption de mon système dans ces localités, il n'y aura nulle nécessité de rapprocher les tertres ou limites : la conséquence de cette remarque est que dans les terrains humides mes haies seront moins rapprochées, moins multipliées ; mon système est donc en parfaite harmonie avec ce qui est réclamé par les saines notions en agronomie.

» Dans les contrées sèches et élevées, partout où l'écoulement de l'eau est trop prompt, les haies multipliées sont extrêmement utiles, ce qui encore concorde parfaitement avec l'adoption de mon système, car plus le terrain a de déclivité, plus les tertres de retenue des eaux seront multipliés et plus les haies seront rapprochées. »

Les plantations seront toujours faites en arbres et arbustes en rapport avec la nature du sol.

Enfin les plantations devront toujours être

disposées de manière à former de véritables digues criblantes, qui, en laissant lentement passer les eaux retiennent, partout les terres, les détritus, et les limons fécondants, et les rigoles, dont nous réclamons l'établissement, devront, par leurs herbes et leurs broussailles, et en recueillant les feuilles, etc., contribuer à retarder la marche des eaux, et à faciliter leur imbibition dans le sol.

XVII.

En opposition avec ce qui est en usage, nous proposons de placer les pieds des arbres dans le fond des rigoles destinées à l'écoulement des eaux, afin qu'ils reçoivent plus facilement l'action de ces eaux, et nous proposons en outre de donner à ces rigoles à peu près la forme d'une pyramide renversée, comme la *Fig.* 14e en offre divers exemples en A, B et C, afin d'obliger les eaux à pénétrer dans le sol par le fond de ces rigoles; cette forme tend d'ailleurs à recueillir et à conserver les détritus; les feuilles sèches, les brindilles, etc, qui tiendront les eaux en suspension à leur passage, et faciliteront leur imbibition dans les

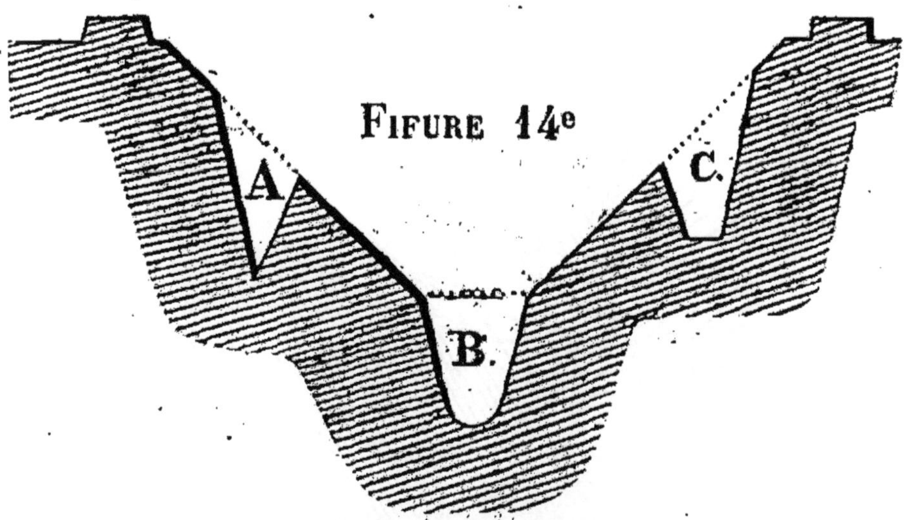

sols inférieurs, ce que nous considérons comme très-important. La forme que nous adoptons aura d'ailleurs l'avantage de conserver en état de fraîcheur ou d'humidité le fond des rigoles, en sorte que cette disposition du sol permettra plus facilement l'absorption des eaux lors de leur passage.

Chaque arbre, ou arbuste A, *Fig* 15e (*page* 322), sera planté dans le fond de la rigole B, et par cette disposition, chaque pied recevra, de la manière la plus convenable, l'action de l'eau à son passage, de manière à lui produire l'effet d'un arrosement prolongé, car les eaux pourront s'élever dans cette rigole jusqu'au niveau de la ligne CB. Le séjour des eaux dans le fond de la

FIGURE 15e

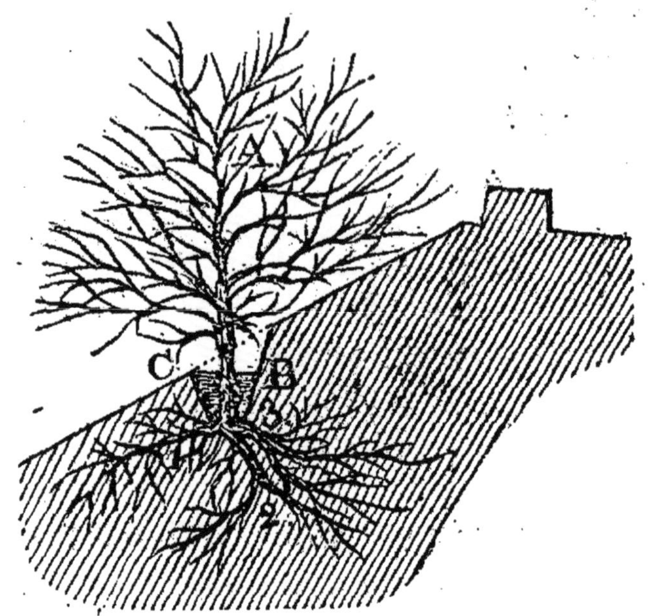

rigole B, facilitera leur introduction dans le sol, surtout parce que les racines 1, 2, 3, leur serviront de canaux ou de véritables conducteurs. On comprend, par ce que nous venons de dire, que jamais les plantations n'auront été établies d'une manière plus favorable ; elles faciliteront l'absorption lente des eaux par le sol, elles porteront une féconde humidité à toutes les parties des racines, elles introduiront les eaux jusque dans les sous-sols quand ils seront d'une nature perméable, enfin jamais les arbres n'auront été soumis à un système de plantation plus favorable à leur énergique développement.

Non-seulement la partie inférieure des rigoles, par les dépôts de feuilles sèches, etc., et par les sédiments alluvionnaires qui s'y arrêteront, facilitera l'introduction des eaux dans le sol, comme nous l'avons déjà expliqué, mais la rencontre de chaque plan, ou pied d'arbre, sera un véritable barrage qui obligera les eaux à refluer, et ces barrages seront très-multipliés, comme nous allons l'expliquer. En supposant, pour exemple, un champ qui aurait 8 mètres de largeur et 50 mètres de longueur, cela supposerait un développement de plus de 100 mètres de rigoles, et si les arbres y sont espacés de 4 mètres, cela supposerait plus de 25 pieds d'arbres, ou 25 points où les eaux seront attardées dans leur cours. Dans le cas où l'absorption des eaux par le sol des rigoles ne serait pas assez forte, il sera facile de l'augmenter, soit en établissant de légers clayonnages en travers des rigoles, au pied des arbres, soit en posant de légères fascines en travers des rigoles.

Ce que nous venons de dire démontre combien

notre système, en attardant la marche des eaux, contribuera à diminuer les désastres des inondations, tout en donnant partout une activité jusqu'alors sans exemple à la végétation, car, par ce que nous venons d'exprimer, on reconnaîtra que si, dans l'état actuel, les eaux ont à franchir 10,000 mètres du point où elles ont été produites jusqu'au cours d'eau qui doit les recevoir, ces 10,000 mètres peuvent supposer, sur le parcours des eaux, plus de 200 propriétés comme celle donnée pour exemple; et, dès lors, à 25 pieds d'arbres chacune, cela supposerait 5,000 pieds d'arbres apposés à la marche des eaux qui, aujourd'hui, n'ont rien qui empêche leur cours précipité. En outre, chaque propriété de 50 mètres recevant d'abord les eaux pluviales pour son irrigation, pendant un temps plus ou moins long, il en résulte qu'en dehors de l'imbibition du sol par les plantations, il y aura à l'avenir l'absorption des eaux par toutes les surfaces irriguées; enfin, en laissant un instant de côté le temps pendant lequel l'irrigation sera prolongée, il est positif que les eaux qui aujourd'hui franchissent promptement, en raison de sa déclivité, une propriété de 50 mètres, auront à l'avenir à parcourir lentement, par le champ irrigué et par ses rigoles plantées, plus de 150 mètres de développement, ce qui suppose au moins trois fois autant de temps ; toutes ces considérations indiquent jusqu'à quel point notre système de culture doit tendre à régulariser le cours des rivières et des fleuves.

Nous ne devons pas omettre de dire que les berges qui existeront sur les rives des champs *labourés horizontalement*, par la disposition que nous donnons aux rigoles d'écoulement des eaux, conduiront à placer les différents pieds d'arbres, comme cela est indiqué par les lettres AB de la *Fig.* 16e (*page* 326). Dans cette disposition, pendant les premières années, on le comprend, les intervalles C, D, E pourront être cultivés en légumes, ou en plantes fourragères, car il est important en agriculture de ne laisser aucun espace perdu.

Quand on ne voudra porter aucun ombrage aux récoltes voisines, il faudra espacer les arbres de 10 à 20 mètres suivant les espèces ; il faudra aussi tenir compte, quand on calculera l'espacement à laisser entre les arbres, de ce qui couvre les terrains, soit cultures, soit pâturages.

FIGURE 16e

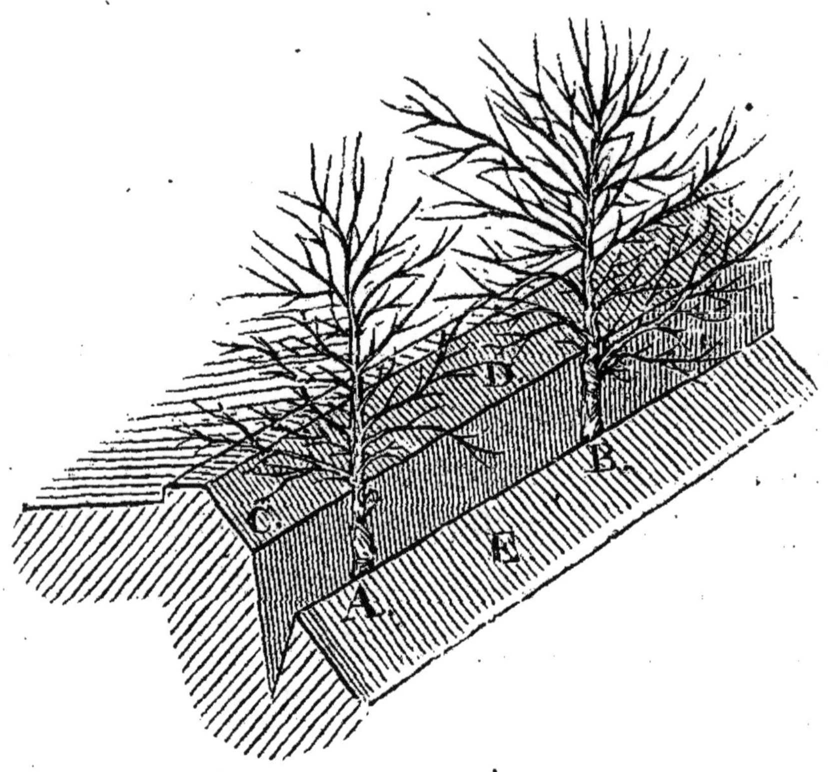

Enfin, lors de la plantation des berges, nous recommanderons de disposer les jeunes arbres ou arbustes en quinconce, et de garder, entre chaque pied, les espaces nécessaires, en raison des espèces plantées, afin qu'ils aient l'air et la lumière utiles, sans cependant leur réserver plus que l'espace indispensable, car on sait qu'il est utile de les priver des moyens de trop s'étendre latéralement, afin de les obliger à s'élever verticalement.

XVIII.

Comme nous proposons, chaque fois que la chose sera possible, d'employer les berges des propriétés en plantations d'arbres à hautes tiges, de fruitiers, de taillis, ou en établissement de bocages et de haies, toujours en se soumettant à ce qui est prescrit par les lois au sujet des distances à réserver à partir des fonds voisins, on comprend que nous encourageons les arrangements amiables, entre voisins, afin que l'un et l'autre puissent jouir de tout leur terrain, sans en perdre le moindre espace, et ici nous proposons ce que le Code lui-même sanctionne comme un droit, dès que les plantations ou haies sont établies à une moindre distance que celle voulue par la loi, car c'est bien ici une servitude continue et apparente, qui, aux termes de l'article 690 du Code civil se prescrit par 30 années de jouissance.

Ainsi, si l'on suppose la ligne AB, *Fig.* 17ᵉ, former la séparation de deux propriétés, nous

FIGURE 17ᵉ.

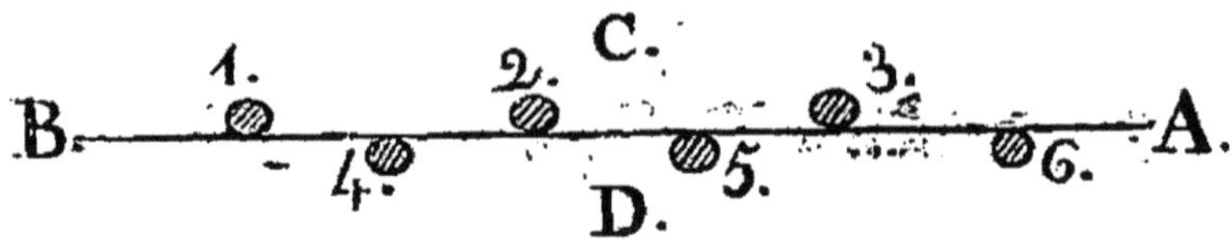

engageons les deux voisins, dans leur intérêt mutuel, à consentir à la plantation de leurs berges ou de leurs propriétés jusqu'à l'extrême limite, et à fixer d'une manière invariable la ligne séparative de leurs propriétés par une plantation d'arbres indiquée par les chiffres 1, 2, 3, 4, 5, 6, et exécutée de manière que chaque riverain possède une même quantité de pieds d'arbres sur la ligne délimitative, ce qui formera une lisière, ou une suite de témoins ou de garants, opération qui peut être régularisée par un acte sous seing-privé ou par un acte notarié. En procédant ainsi, chaque propriétaire a un droit égal, puisque le terrain C possède, en dedans de sa limite, trois arbres 1, 2 et 3, et que le terrain D possède également, en dedans de sa limite, trois arbres cotés 4, 5 et 6.

Ce que nous proposons ici est d'ailleurs en usage dans beaucoup de forêts, où les limites sont établies par des arbres *dits de lisières*, et cette coutume est également reçue dans beaucoup de pays vignobles, où les limites sont fixées par des ceps de vigne plantés sur la ligne démarcative des propriétés, de manière que chaque vigneron ait, en dedans de lui, un même nombre de ceps de vigne à cultiver et à récolter. Ces limites des bois, ou des vignes, rentrent dans la catégorie des clôtures mitoyennes, ou communes, qui présentent l'avantage de ne laisser aucun espace perdu.

Quand les deux propriétaires voisins auront un égal besoin d'une voie ou d'un sentier, pour faciliter leurs exploitations, il sera de l'intérêt de l'un et de l'autre d'établir cette voie de manière à servir de limite à leurs propriétés, et dans ce cas (quand les voisins n'auront pas la volonté de supprimer les berges qui peuvent les séparer), la voie pourra être placée par 1/2, ou moitié, de chaque côté de la limite AB séparant les propriétés C et D, *Fig.* 18e (*page* 330), de manière à équilibrer les droits, charges et avantages entre les deux voisins.

On conçoit qu'au point le plus élevé de la propriété, la voie sera établie de manière à se trouver au niveau du contre-haut du bourrelet de retenue des eaux pour l'irrigation des deux propriétés.

FIGURE 18e.

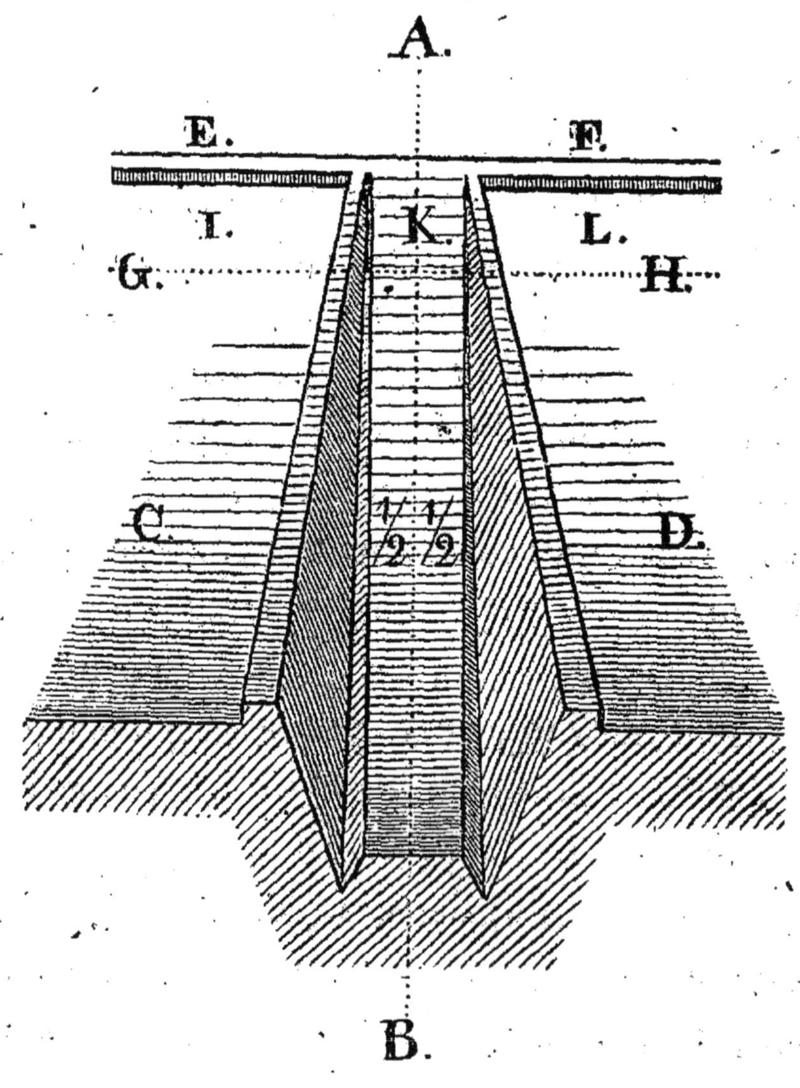

XIX.

Si par l'adoption du système de labourage horizontal, nous supprimons les ados des champs, parfois si élevés, et les raies latérales d'écoulement, qui gênent les transports et obligent souvent à prendre de grandes précautions, nous devons faire connaître comment, par notre procédé, ces transports s'effectueront avec beaucoup plus de facilité, malgré les berges que nous établissons et malgré les plantations dont nous encourageons l'emploi, surtout vers la limite inférieure et sur les rives latérales des propriétés. Dans notre système, les transports s'effectueront tous à la partie la plus élevée des propriétés, aussi l'espace nécessaire au passage des attelages sera-t-il réservé sans plantations ou sans clôtures à demeure depuis les bourrelets de retenue EF jusqu'à la ligne GH, *Fig.* 18e (*page* 330). On comprend qu'avec cette simple réserve tous les transports s'effectueront dans la direction de I en K et en L, ou, dans le sens contraire, de L en K et en I. De cette manière les défauts de niveaux à franchir ne seront que d'environ 10 centimètres, c'est-à-dire de la hauteur fixée aux bourrelets de retenue des eaux, tandis que par la culture en billons les défauts de niveaux présentaient parfois de véritables dangers.

XX.

Ce qui manque surtout en France ce sont des plantations faites dans les terres qui leur sont propres, ce sont des plantations réparties sur tous les points, de manière que le territoire offre partout à nos regards toutes les espèces de végétaux ligneux étalant et leurs feuillages et leurs fleurs et leurs fruits, comme si tout le pays était une vaste pépinière d'arbustes et d'arbres utiles ou d'agrément et offrant surtout de bons rapports ; c'est ce qui peut être obtenu par notre système de culture, puisque la plupart des champs, en ramenant leur superficie à une disposition horizontale, laisseront sur les rives inférieures et sur les parties latérales des talus, qui pourront être occupés par des plantations, et tous les points du territoire pouvant être, par la suite, soumis au même système, on conçoit que toutes les natures de sols seront prêtes à recevoir des plantations, et que le cultivateur n'aura plus à placer ses arbustes et ses arbres dans des sols qui leur seraient contraires, ou à des expositions qui leur seraient défavorables.

Par des plantations aussi judicieusement faites, tout végétera avec vigueur, et partout un revenu nouveau sera produit au cultivateur.

Par notre système, qui transporte en quelque sorte les pépinières sur tous les points du territoire, on évitera le désavantage d'acheter des arbres sortis d'un terrain trop fécond, comme cela a lieu aujourd'hui, pour les transplanter dans des sols moins riches, ce qui les fait souffrir au moment même où l'action de la transplantation leur occasionne nécessairement un état de langueur. Quand l'emploi de notre système commencera à se généraliser, on aura partout *le sol propre à chaque nature de plantations.*

En général, on se contente d'exiger, pour la culture des grands végétaux ligneux, une profondeur de 5 à 7 décimètres de terre végétale, et par l'adoption de notre système de culture, on saura toujours à l'avance quelle sera la profondeur de terre végétale obtenue, et il sera bien rare que les 5 à 7 décimètres ne soient obtenus, quand le plus ordinairement la profondeur du sol, surtout aux parties inférieures des propriétés, sera bien plus forte, ce qui assurera la plus belle végétation.

Comme nous l'avons déjà exprimé, sous le rapport de l'exposition et de la situation, les plantations pouvant à l'avenir s'établir sur tous les points, il sera toujours possible de choisir les lieux les plus favorables pour les espèces qu'on voudra élever ; ainsi, l'on pourra abriter les nouvelles plantations contre la fureur des vents, ou éviter les vents froids ; on pourra porter à l'exposition du midi les espèces qui en ont besoin et placer au nord les arbres qui aiment le froid ; planter dans les parties basses les espèces qui réclament de l'humidité et donner un terrain sec et aride aux espèces qui le réclament.

Les travaux préalables pour obtenir de bonnes plantations consistent ordinairement en un défoncement du sol, travail pénible et coûteux, tandis que par l'emploi de mon système, les berges sur lesquelles les plantations seront établies, étant le résultat de terres rapportées, soit par des remblais, soit par des labourages successifs, on comprend que le travail du défoncement du sol sera complètement évité, et mon système présente en même temps l'avantage que toutes les terres rapportées ayant été exposées au contact de l'air et à l'action des influences atmosphériques, le sol que je réserve aux plantations sera préparé de la manière la plus convenable, puisque toutes les conditions réclamées par la théorie et par les saines pratiques agricoles sont remplies.

Ainsi, plus que jamais on pourra étendre les plantations sur tous les points, affecter à chaque espèce le terrain qui lui est propre, et profiter de toutes les berges pour s'assurer un revenu nécessairement important, puisque toutes les conditions qui assurent le succès des plantations seront sévèrement accomplies.

XXI.

Nous ne pouvons avoir l'intention d'indiquer ici les procédés d'ensemencement des graines pour obtenir les arbres feuillus ou résineux ; mais nous devons faire la remarque que, dans bien des circonstances, aux points où les berges destinées aux plantations n'auront pas assez de profondeur de terre végétale, on pourra profiter de ces espaces pour faire des semis, marcottes ou boutures, quand le sol aura été reconnu susceptible d'être ainsi employé.

Quand un propriétaire reconnaîtra l'utilité de ne pas planter ses berges, — ou quand il voudra en ajourner la plantation, — ou quand il voudra, comme disent les cultivateurs, laisser *refaire* la terre après qu'elle aura été plantée d'arbres, — ou enfin, quand il n'y aura pas l'assentiment des voisins, et que le défaut de distance, dans les termes de la loi, empêchera les plantations, ce sera le cas d'employer ces berges par des cultures herbacées, ou de racines alimentaires, par la culture des choux, navets, raves, pois, fèves, ognons et autres plantes potagères, ce qui peut les mettre en plein rapport, en les soumettant à la sage pratique des assolements, à laquelle il est utile de recourir pour tous les végétaux.

XXII.

Ce n'est pas ici le lieu, on le comprend, de parler de chacune des espèces d'arbres ou d'arbustes qui pourront être cultivés, et d'indiquer, pour chaque espèce, le terrain et l'exposition qui conviennent, les procédés à mettre en usage pour assurer leur prompt développement, et les divers emplois qu'on peut faire de leur bois, de leurs écorces, de leurs feuilles, de leurs graines ou de leurs fruits, car tout cela est en dehors de notre sujet; mais nous devons insister sur la facilité avec laquelle on pourra à l'avenir, ayant à utiliser tous les sols et toutes les expositions, essayer l'acclimatation des nouvelles espèces utiles, multiplier les beaux arbres forestiers et surtout les arbres résineux, au point, en se créant partout une source de revenus, de changer l'aspect général du pays, de créer des ombrages partout où ils seront utiles, et ces travaux, portés sur tous les points, créeront assurément le meilleur système de reboisement qu'il soit possible de trouver, et conduiront parfois à cultiver en grand, et sur de vastes terrains jusqu'alors peu productifs, des espèces d'arbres, dont l'essai fait, sur la rive d'une propriété, aura démontré les immenses avantages qu'on peut en retirer. Un reboisement intelligent pourrait ainsi être réalisé, et sans s'exposer aux coûteux tatonnements auxquels on est aujourd'hui obligé.

XXIII.

Un bienfait de ces derniers siècles est assurément la division des propriétés trop étendues, dont la culture était parfois négligée, en sorte que la richesse de l'Etat en souffrait; mais, il faut le dire, ce bienfait de la division de la propriété, poussé à l'extrême, devient un abus, car la terre indéfiniment divisée est la ruine de son propriétaire, et la commune d'Ancerville, située près de la ville de Saint-Dizier-sur-Marne, est sans doute l'un des plus tristes exemples de ce morcellement infini, puisque la division y était arrivée au point de présenter, il y a vingt ans, 27 parcelles par hectare! Un modeste habitant de cette commune, qui ne possédait que quatre hectares de propriétés, était obligé d'aller bêcher ou labourer, tailler ou semer, ébourgeonner ou sarcler, garder ou surveiller, et vendanger ou moissonner en plus de *cent points* répartis sur ce vaste territoire, pour réunir le produit de ses quatre hectares de terrains! qu'on juge de ses pertes de temps, de ses cultures manquées, du terrain sans rapport employé par les limites de ces nombreuses propriétés et par les sentiers indispensables pour s'y rendre, et l'on n'aura qu'une bien faible idée des tristes conséquences du morcellement poussé à l'infini! car tout cela n'est rien en comparaison du travail et des sueurs du pauvre habitant qui pouvait à peine faire vivre lui et sa famille du chétif produit de ses cent propriétés!

Ce fait, entre tant d'autres qui existent en

France ; où parfois la terre ressemble à un vaste échiquier, démontre qu'il importe au bien être du pays, comme à celui de chaque citoyen, qu'on mette un terme à ce morcellement, qui s'accroit dans une proportion effrayante ! Il ne faut pas attendre que le mal soit arrivé à sa dernière période, pour y remédier ; il est du devoir de l'autorité d'ouvrir les yeux au sujet d'un abus qui intéresse au plus haut point le sort de notre agriculture et par conséquent la fortune et la puissance de l'Etat.

XXIV.

Quand il s'agit d'une culture faite à bras d'hommes, de vignes, de pépinières, de jardinages, etc., la division de la propriété est moins nuisible peut-être, elle peut plutôt être tolérée ; mais, la division poussée à l'infini, cela est incontestable, rend la plantation des arbres fruitiers et des arbres forestiers impossible, puisque les distances réservées par les lois n'existent plus, et le labourage des terres devient en quelque sorte impraticable, ou le revenu de la terre n'existe plus ; surtout pour la culture en sillons, dite *en billons*, si généralement employée. Ce que nous avançons ici est avoué par les bons agronomes ; mais cela ne frappe pas assez la plupart des cultivateurs, aussi considérons-nous comme essentiel d'exprimer ici notre pensée à ce sujet.

Quand un champ a une largeur trop exiguë, il ne possède pas moins, dans la culture dite *en billons*, un ados et deux raies latérales, ou limites, destinées à l'écoulement des eaux, absolument comme un champ qui aurait huit mètres de largeur. La conséquence de ce fait, c'est que si les raies du champ d'une grande largeur ne produisent rien, par exemple dans $0^{m}25^{c}$. de largeur de chaque côté du champ, c'est, pour les deux raies, un espace de $0^{m}50^{c}$. ou d'un demi-mètre, qui est sans rapport, et, sur la largeur de 8 mètres, cela établit une perte d'*un seizième* sur le rapport du champ, perte supportable, si toutefois en agriculture on peut consentir à faire une perte que l'on pourrait éviter. Mais, pour le champ d'une largeur exiguë, que nous supposerons être de 2 mètres, l'espace employé par les deux raies d'écoulement conduisant aussi à un espace de $0^{m}\ 50^{c}$. ou d'un demi-mètre sans rapport aucun, il en résulte que la perte, sur le rapport du champ, est ici *du quart*, perte énorme ; et qui enlève au cultivateur tout bénéfice, au point que, s'il additionnait ses dépenses en engrais, en chevaux, en journées d'ouvriers pour le labourage et le hersage, en semences, en journées pour le sarclage, le faucillage, l'engerbage et la rentrée de la récolte, l'intérêt du capital de la terre et ses frais de maisons, il serait tout surpris de reconnaître que sa terre, par son rapport, n'a pas couvert ses dépenses faites ! hélas ! une masse de propriétés sont dans ce cas partout où le sol est trop divisé.

On comprend que nous ne pouvons conseiller à un cultivateur intelligent de poursuivre son labourage suivant le système en *billons*, dans le cas où le morcellement de la propriété est ainsi poussé à l'extrême, et, s'il ne peut faire l'échange de terrains aussi exigus, nous lui proposerons de renoncer à labourer de pareils champs et d'y cultiver de préférence les racines et les fourrages, d'y établir des pépinières, d'y faire du jardinage, d'y planter de la vigne quand la localité s'y prête, enfin d'y introduire une culture à bras d'hommes et qui supprime, autant que cela est possible, les terrains sans rapport.

Pour ces propriétés d'une faible largeur, on le comprend, notre système de labourage horizontal est parfaitement réalisable quand la propriété a une disposition transversale ou perpendiculaire à l'écoulement des eaux, mais il n'en saurait être de même, pour les terrains, en déclivité, dans le sens de l'écoulement des eaux, car nos planches horizontales, dans ce cas, ne seraient d'une facile réalisation, que par le travail à la bêche, à la pelle, à la pioche ou à la houe. Pour les terrains qui ont cette disposition, nous répétons au cultivateur notre conseil, pour qu'il obtienne un revenu réel, d'avoir recours à la culture des herbages, des racines, du jardinage ou de la vigne.

XXV.

Nous ne saurions trop répéter combien il serait important, dans l'intérêt de l'agriculture, de mettre un terme au trop grand morcellement de la propriété, et nous conseillons aux propriétaires-cultivateurs de chercher toutes les occasions qui se présenteront à eux de faire des échanges de terrains, ou de diriger leurs ventes ou leurs acquisitions, dans la vue de moins disséminer leurs propriétés, de les agglomérer en quelque sorte sous leurs yeux, afin d'éviter des transports coûteux et des pertes de temps, ce qui leur permettrait d'ailleurs d'avoir une surveillance plus active sur tout leur domaine et de traiter la majeure partie des travaux en temps plus favorable.

Tout ce qui milite en faveur de la réunion des propriétés, et pour éviter leur ruineux morcellement, a été traité avec beaucoup de talent par nos grands agronomes et principalement par M. Mathieu de Dombasle, par M. Bertier de Roville et par M. le Comte de Rambuteau ; ils ont surtout appuyé sur ce que cette division extrême de la propriété donne naissance à une foule de procès qui portent la division et le trouble au sein de nos campagnes.

XXVI.

Déjà dans de nombreux départements la question du morcellement de la propriété a attiré l'attention des Conseils généraux, et la plupart, tout en appréciant combien l'extrême division du sol diminue les produits de la propriété, ont surtout cherché à mettre un terme aux nombreuses et ruineuses difficultés qui naissent de cette extrême division, et le plus souvent pour des parcelles d'un prix bien peu élevé, en sorte que les procès, dans ces circonstances, dépassent, par leurs frais, la valeur des propriétés qui en sont l'objet.

Dans le département de la Meuse, trois géomètres, MM. Grosjean, Larrière et Pernot, sont parvenus à profiter des opérations cadastrales pour faire opérer l'abornement général des coupes, cantons, triages, lieuxdits ou contrées, d'un certain nombre de communes, afin d'éviter les ruineux procès au sujet des limites des propriétés. Cette louable entreprise a été couronnée du plus heureux succès dans la plupart des communes, et si elle n'a pu se réaliser dans d'autres, on le doit seulement au défaut de bonne entente ou d'harmonie entre les hommes qui étaient appelés à réaliser l'opération. Le travail se faisait avec l'approbation de l'autorité préfectorale, et avec la sanction du Conseil général. Un géomètre du cadastre, secondé par l'autorité municipale et aidé du bienveillant appui du juge de paix, commençait par recevoir l'autorisation, signée, de chaque propriétaire, de procéder à l'abornement sur la présentation des titres, ou de tous actes, partages, etc., établissant la jouissance et les droits. L'opération de l'abornement se faisait simultanément avec le levé cadastral, et les plans du cadastre devenaient les plans de l'abornement, dont il était d'ailleurs dressé un procès-verbal. Ici, on le voit, il s'agissait seulement de l'opération appelée à fixer désormais l'ensemble des limites d'une manière invariable, et si cette opération utile a pu se réaliser dans un bon nombre de communes de la Meuse, et si l'on a pu y recevoir l'adhésion préalable de tous les propriétaires, quand cette opération devait cependant conduire au déplacement de la plupart des limites, et par conséquent à reformer ailleurs les sillons ou billons, à déplacer les ados et les raies latérales pour l'écoulement des eaux, on doit comprendre qu'il n'y a pas de motif pour qu'un pareil consentement ne s'obtienne dans la plupart des communes de France, s'il s'agissait surtout de produire une opération beaucoup plus importante, pour la propriété, que celle de son simple abornement.

Sans doute l'opération d'abornement, d'abord conçue par MM. Grosjean, Larrière et Pernot était fort utile, mais si elle pouvait mettre un terme à une masse de procès, il est constant qu'elle n'ajoutait rien à la valeur des propriétés, qu'elle ne diminuait pas les frais de culture et n'augmentait pas le rapport ou le revenu des parcelles abonnées, et c'est cependant ce qu'on aurait dû chercher à obtenir en entreprenant une aussi vaste révision de la propriété.

Un exemple de la grande et utile opération que nous désirons en faveur de la propriété avait cependant été dès longtemps donné, dans le même département de la Meuse, à Nonsard, commune située dans l'immense et riche plaine appelée *la Woëvre*. Là, tous les propriétaires s'étaient volontairement soumis à l'opération de la réunion générale des propriétés morcelées, et aujourd'hui encore la commune de Nonsard recueille les fruits de cette bonne opération, car, au lieu de se contenter de l'abornement des propriétés, l'opération avait eu pour résultat de réunir les propriétés disséminées à proximité de leur lieu d'exploitation, et autant que possible d'un seul tenant, — de rendre à chaque propriétaire sa même valeur en terres arables, prés, etc., — en disposant de la manière la plus utile les voies de communication et les cours d'eaux, — l'opération ne consistait donc pas seulement dans la fixation de toutes les limites d'une manière invariable, mais elle favorisait les intérêts de chaque propriétaire, en diminuant ses frais de culture, en disposant mieux ses propriétés, de manière qu'il puisse en obtenir un plus fort revenu.

Le département de la Meuse n'est pas le seul qui ait fourni l'exemple d'une aussi utile opération, car on cite en outre la commune de Rouvres, en Bourgogne, qui a fait réaliser, il y a plus d'un siècle, l'opération générale de la réunion des propriétés morcelées. La commune d'Essarois, près de Dijon, jouit du même travail ; enfin, en 1771, cette même opération a été réalisée à Neuviller, à Roville et à Laneuveville-devant-Bayon, commune limitrophe des deux premières. Dans toutes ces communes le travail a été exécuté ; sans le concours du gouvernement, et par le seul consentement mutuel des propriétaires. On peut donc espérer que si l'administration intervenait pour recommander, favoriser et aider ces grandes et utiles opérations, elles se réaliseraient avec facilité sur tous les points. Sous ce rapport l'exemple est donné par la Prusse, par la Saxe et par quelques contrées de l'Allemagne, où ces réunions des propriétés morcelées s'opèrent chaque jour, et sur une échelle beaucoup plus vaste, par les propriétaires et avec le concours de l'autorité. M. le comte de Rambuteau a même publié, à ce sujet, les dispositions principales des lois qui autorisent cette grande et utile opération dans l'intérêt de l'agriculture; ces documents se trouvent à la page 224, du t. 4e de la *Maison rustique du XIXe siècle*.

Au moment où nous présentons à tous le moyen d'augmenter considérablement le revenu de la propriété, par l'adoption de notre système de culture, nous ne saurions trop encourager les propriétaires, les communes et l'autorité à réfléchir aux immenses avantages qu'il y aurait à s'entendre pour réaliser, dans chaque commune, la grande opération de la RÉVISION DE LA PROPRIÉTÉ, par laquelle on obtiendrait : *la réunion des propriétés morcelées, — l'agglomération des propriétés* à proximité des lieux d'exploitation, — la disposition de toutes les propriétés de manière à en faciliter *le labourage horizontal, l'irrigation et l'exploitation, — la rectification des voies de communication et des cours d'eaux, — l'abornement de toutes les limites, — le nivellement et le levé général des lieux, — la rédaction d'un procès-verbal de ces opérations et de plans dressés à une assez grande échelle* pour que toutes les mesures effectives puissent y être cotées et conservées, — le tout basé sur un *réseau d'opérations trigonométriques*, ayant pour point de départ les travaux de la carte générale de l'Empire, et aboutissant à former, par les lignes conclues de ce réseau trigonométrique, la plupart des côtés des grands polygones du levé parcellaire. Telle est l'opération générale que nous proposons, et que nous offrons de réaliser dans les communes qui nous en feront la demande. Cette opération, tout en fixant la propriété d'une manière invariable, par un cadastre complet, et aussi exact qu'il est possible de l'obtenir, augmenterait considérablement le revenu territorial par la suppression du morcellement des propriétés et par l'introduction de l'irrigation sur tous les points, tout en supprimant les inondations, et leurs désastres et leurs victimes. Il s'agit ici d'une entreprise digne du Gouvernement, et nous ne saurions trop encourager MM. les Membres des Comices agricoles et des Sociétés d'agriculture, et MM. les Membres des Conseils d'arrondissements et des Conseils généraux de se pénétrer de la haute importance de notre proposition, et de saisir toutes les occasions de la produire, afin que le Gouvernement puisse un jour réaliser une opération aussi utile et qui intéresse et les fortunes particulières et la fortune de la France.

FIN DE LA TROISIÈME ET DERNIÈRE PARTIE.

TABLE DES MATIÈRES
CONTENUES DANS CE VOLUME.

FEUILLE DU TITRE.

Avertissements importants.

Prix de cette Edition et avantages accordés par l'inventeur pour faciliter l'emploi de son système.

Avis à MM. les Libraires et correspondants.

Dates et numéros d'inscription des brevets d'invention délivrés à M. F. d'Olincourt, tels qu'ils sont inscrits au Ministère de l'agriculture, du commerce et des travaux publics.

Titre constatant le nº attribué à cet exemplaire.

PREMIÈRE PARTIE.

Pages.

Examen des divers systèmes présentés jusqu'à ce jour pour combattre le fléau des inondations, et démonstration de la nécessité d'abandonner le *système des travaux défensifs*, et de lui substituer le *système des travaux préventifs*. . . . . 1 à 130

DEUXIÈME PARTIE.

1er Brevet d'invention, de 15 années, pris en France, sous le titre de : *Transformation des inondations en de fécondes irrigations*, ou *système général d'irrigation, de culture et de plantation*. . . . . 131 à 181

Réflexions complémentaires . . . . 181 à 194

2e Brevet d'invention, de 15 années, pris en

Pages.

France, sous le titre de : L'*agriculture rendue florissante par l'emploi utile des eaux pluviales*, ou *moyens simples et pratiques de réaliser le système perfectionné de labourage horizontal, le nouveau système de plantations irriguées et les bassins irrigateurs* . . . . 195 à 197

I. Moyens pratiques de réaliser l'irrigation par les eaux pluviales. . . . . 198 à 208

II. Moyens pratiques de réaliser le labourage horizontal . . . . 208 à 216

III. Moyens pratiques de réaliser les plantations irriguées . . . . 217 à 221

IV. Moyens pratiques de réaliser le système des retenues pour la conservation des eaux. . . . . 222 à 226

TROISIÈME PARTIE.

Instruction pratique, ou application du nouveau système général d'irrigation, de culture et de plantation, devant produire, sur tous les points, l'emploi utile des eaux et par conséquent un immense essor donné à l'agriculture, en augmentant considérablement le revenu des propriétés. . . . . 227 à 351

Table des matières contenues dans ce volume. 353

FIN DE LA TABLE.

Typ. et Stér. Humbert. — Mirecourt.

ERRATA.

Page 5, ligne 7 : bien supputés, — *lisez* bien supputées,

— 32, ligne 20 : émises, même — *lisez* émises, même de

— 49, ligne 22 : en reste là? » — *lisez* en rester là? »

— 59, ligne 20 : mo is — *lisez* moins

— 81, ligne 16 : ces auteurs — *lisez* ses auteurs

— 86, ligne 24 : défnsifs — *lisez* défensifs

— 95, ligne 7 : les vallées qui — *lisez* les vallées, qui

— 117, ligne 15 : dans une matière, — *lisez* dans une matière

— 140, ligne 1 : reservoir irrigateur, — *lisez* réservoir irrigateur,

— 170, ligne 7 : dépouilalnt — *lisez* dépouillant

— 179, ligne 19 : tration on, apporte — *lisez* tration, on apporte

— 181, ligne 8 : so mettre — *lisez* soumettre

— 209, ligne 11 : sol, — *lisez* du sol,

— 230, ligne 5 : canaux d'aqueducs, — *lisez* canaux, d'aqueducs,

— 232, ligne 25 : mais dans — *lisez* mais, dans

— 240, ligne 7 : où elles allaient — *lisez* où ils allaient

— 255, ligne 12 : que es lieux — *lisez* que les lieux

— 273, ligne 20 : anfructuosité — *lisez* anfractuosité

— 320, ligne 3 : les eaux retiennent, partout — *lisez* les eaux, retiennent partout

— 321, à la figure : FIFURE 14e — *lisez* FIGURE 14e.

www.ingramcontent.com/pod-product-compliance
Ingram Content Group UK Ltd.
Pitfield, Milton Keynes, MK11 3LW, UK
UKHW012153240726
13966UKWH00002B/303

9 782013 469449